Brasil: Paisagens de Exceção

Textos Básicos 2

Aziz Nacib Ab'Sáber

BRASIL: PAISAGENS DE EXCEÇÃO

O LITORAL E O PANTANAL MATO-GROSSENSE

Patrimônios Básicos

Ateliê Editorial

Copyright © 2006 Aziz Ab'Sáber

Direitos reservados e protegidos pela Lei 9.610 de 19.02.1998.
É proibida a reprodução total ou parcial sem autorização, por escrito, da editora.

1ª edição, 2006
2ª edição, 2007
1ª reimpressão, 2010
3ª edição, 2011
4ª edição, 2017

Dados Internacionais de Catalogação na Publicação (CIP)
(Câmara Brasileira do Livro, SP, Brasil)

Ab'Sáber, Aziz Nacib
Brasil: Paisagens de Exceção: o Litoral e o Pantanal Mato-Grossense: Patrimônios Básicos / Aziz Nacib Ab'Sáber. – Cotia, SP: Ateliê Editorial, 2011.

Bibliografia.
ISBN 978-85-7480-754-6

1. Brasil – Litoral 2. Geografia física 3. Geomorfologia 4. Pantanal Mato-grossense (MT e MS) I. Título.

06-6267   CDD-551.4

Índices para catálogo sistemático:

1. Litoral e Pantanal Mato-grossense: Geomorfologia   551.4

Direitos reservados à
Ateliê Editorial
Estrada da Aldeia de Carapicuíba, 897
06709-300 – Cotia – São Paulo
Tels.: (11) 4612-9666 / 4702-5915
www.atelie.com.br
contato@atelie.com.br
2017

Impresso no Brasil
Foi feito depósito legal

Sumário

(Pré)fácio.. 9
1. O Pantanal Mato-Grossense e a Teoria dos Refúgios e
   Redutos 11
   *A Boutonnière do Alto Paraguai: Uma Paleoabóbada
   Esvaziada à Margem da Bacia do Paraná* 14
   *Os Aplainamentos Regionais na História Geomorfológica
   do Alto Paraguai e Seu Entorno* 18
   *O Paleoplano Pré-Formação Furnas na Área da Chapada
   dos Guimarães* 21
   *A Combinação de Processos Responsável pela Gênese do
   Pediplano Cuiabano* 25
   A Bacia do Pantanal: Significado Paleogeográfico 29
   *Dos Leques Aluviais Pleistocênicos às Planícies Submersíveis
   Recentes*.. 40
   *Os Conhecimentos Obtidos por Imagens de Satélites
   do Pantanal Mato-Grossense: Comentários*.................. 44
   *Flutuações Climáticas e Mudanças Ecológicas na Depressão
   do Alto Paraguai*... 57
   *O Significado do Pantanal Mato-Grossense para a Teoria dos
   Refúgios e Redutos* 63

    O Pantanal Mato-Grossense: Uma Bibliografia Geomorfológica e
       Climato-Hidrológica 67
    A Teoria dos Refúgios e Redutos: Uma Bibliografia Seletiva 74

2. Fundamentos da Geomorfologia Costeira do Brasil
   Atlântico Inter e Subtropical 79
   Introdução 79
   O Delta Interior de Breves, na Retroterra de Marajó 86
   O Baixo Vale do Rio Ribeira e o Sistema Lagunar Estuarino
      de Cananeia-Iguape 91
   A Gênese das Restingas e o Encarceramento Relativo do
      Baixo Ribeira. 93
   Significado Geológico-Geomorfológico dos Três Feixes de
      Restingas do Bordo Sul do Sistema Lagunar 95
   Bases Físicas e Bióticas do Povoamento Pré-Histórico no
      Litoral Sul de São Paulo 97
   Uma Setorização Prévia do Litoral Brasileiro 99
   Referências Bibliográficas 107

Caderno de Imagens 121

(Pré)Fácio

No presente volume, à guisa de textos básicos para leituras universitárias, foram reunidos dois trabalhos sobre áreas opósitas do Território brasileiro: um estudo – *O Pantanal Mato-Grossense e a Teoria dos Refúgios e Redutos* – e uma síntese – *Os Fundamentos da Geomorfologia Costeira do Brasil Inter e Subtropical*. O primeiro, com uma visão mais detalhada da depressão pantaneira do extremo Oeste do país. O segundo, incluindo considerações introdutórias sobre a fachada atlântica costeira de nosso país. No caso do Pantanal, intentou-se restaurar os passos da história geomorfológica e tectônica de um macrodomo cristalino, desventrado por processos múltiplos e vindo asilar a complexa planície aluvial do Alto Paraguai. Em acréscimo, foram realizadas considerações sobre a história geomorfológica e paleoclimática da região, com vistas a integrá-la nos conhecimentos acumulados sobre a chamada Teoria dos Refúgios e Redutos. No que tange ao litoral – considerado como sendo o mais extenso setor costeiro tropical do mundo em um só país –, deu-se um tratamento metodológico e geomorfogenético, para seu melhor entendimento didático universitário. Procurou sondar-se as sérias questões relacionadas às flexuras continentais pós-pliocênicas, e também as variantes neotectônicas dos mecanismos de flexuras. Passou-se, depois, aos comentários essenciais sobre as variações do nível geral dos mares durante o Pleistoceno. E, por fim, teceram-se considerações especiais sobre os derradeiros movimentos glacioeustáticos, de menor amplitude, que responderam pela formação de feixes de restingas arenosas e, em lugares especiais, realizaram as ingressões marinhas responsáveis por algumas de nossas principais baías, rias e estuários. Enquanto na região costeira predominam feições relacionadas à forte variação do nível do mar (-100 m) no Pleistoceno Superior (após flexuras, neotectônica sub-regional e entalhes fluviais por rios extendidos), na depressão pantaneira – após a formação da Bacia do Pantanal no Pleistoceno médio ou inferior – processaram-se efeitos de paleoclimas secos, formadores de cones de dejeção arenosa, seguidos das planícies de inundação rasamente embutidas nos leques aluviais gerados anteriormente, ou entre eles.

A (re)publicação desses dois trabalhos referentes a áreas e paisagens de exceção do Território Total brasileiro pode ter um efeito potencializador – pelo uso do método das comparações em complexos espaciais opósitos – para a formação de geólogos, geógrafos e pedólogos sensíveis à força dos conhecimentos.

Aziz Ab'Sáber
24 de abril de 2001
São Paulo

1
O PANTANAL MATO-GROSSENSE E A TEORIA DOS REFÚGIOS E REDUTOS*

Os problemas de origem e a busca de informações sobre as principais etapas evolutivas da depressão onde se encontra o Pantanal Mato-Grossense guardam significado muito maior do que uma simples inquirição acadêmica. É certo que existe todo um exercício intelectual embutido na busca de esclarecimentos sobre a origem e a evolução de uma depressão interior, tão ampla e *sui generis* como é o caso do Pantanal Mato-Grossense. Nessa tarefa, somos obrigados a mergulhar em sérias questões geocientíficas para tentar esclarecer os acontecimentos tectônicos e denudacionais que responderam pela gênese do grande compartimento topográfico regional, envolvendo uma demora de algumas dezenas de milhões de anos. Depois, segue-se a história do preenchimento detrítico de uma bacia de sedimentação menor que o grande compartimento anteriormente formado, mas ainda imensa dentro da escala humana. Esse, o espaço fisiográfico do Pantanal propriamente dito, oriundo de uma reativação tectônica que afetou, quase por inteiro, o espaço da planície de erosão preexistente no interior da depressão maior e mais antiga. Por oposição ao longo tempo envolvendo desde o soerguimento e o desventramento da vasta abóbada regional de terrenos antigos até a formação do plaino de erosão nela embutido, o lapso de tempo que deu origem à depressão pantaneira

---

* Publicado originalmente em *Revista Brasileira de Geografia* 50 (n. esp.): 9-57, 1988, com o título "O Pantanal Mato-Grossense e a Teoria dos Refúgios".

sensu stricto envolveu apenas centenas de milhares, ou, no máximo, um a três milhões de anos. Mas os fatos mais extraordinários e relevantes para a herança da região pantaneira aos homens e às comunidades (que a incorporaram como seu espaço de vivência e de recursos naturais) vieram a se processar nas últimas três dezenas de milhares de anos.

Na categoria de uma grande e relativamente complexa planície de coalescência detrítico-aluvial, o Pantanal Mato-Grossense inclui ecossistemas do domínio dos cerrados e ecossistemas do Chaco, além de componentes bióticos do Nordeste seco e da região periamazônica. Do ponto de vista fitogeográfico, trata-se de um velho "complexo" regional, que os mapeamentos de vegetação, elaborados a partir de documentos de imagens de sensoriamento remoto, transformaram em um mosaico perfeitamente compreensível da organização natural do espaço e, em nada, "complexo". Nesse sentido, aliás, tudo o que era extremamente difícil para ser entendido na ótica científica dos fins do século XIX e primeira metade do século XX era considerado como um tipo de "complexo". Anote-se, na geologia, o chamado "Complexo Cristalino ou Brasileiro"; na fitogeografia, o "Complexo do Litoral"; e, na área pantaneira, o "Complexo do Pantanal". Por caminhos diversos, e sobretudo devido aos novos recursos analíticos e novas óticas de visão integrada dos fatos físicos, ecológicos e bióticos, em boa hora essa terminologia foi colocada no arquivo morto da história das ciências em nosso país. Decorrem, disso tudo, novas e maiores responsabilidades para os que se dedicam ao conhecimento dessa grande depressão aluvial, localizada no centro do continente sul-americano.

Muitos têm sido os pontos de partida para a abordagem dos fatos físicos, ecológicos, históricos e sociais referentes ao Pantanal Mato--Grossense. Depois das velhas ideias fantasiosas sobre a origem da depressão pantaneira, as questões referentes à sua gênese passaram a ser equacionadas por ciências específicas. A depressão aluvial do Alto Paraguai foi identificada como a maior planície, de nível de base interna, do interior do país (Almeida, 1956). Ou, ainda, na ótica geológica, como a única grande bacia tectônica quaternária do território brasileiro (Freitas, 1951). Foi caracterizada também como a mais ampla e complexa planície de inundação existente na faixa de latitude onde ocorre (Wilhelmy, 1958). Tem sido estudada como um caso particular de área, ou faixa, de contato e transição entre o domínio dos cerrados e o domínio do Chaco Central (Ab'Sáber, 1977*a*, 1977*b*), independentemente das pesquisas recentes, que ampliam os componentes relictos existentes na fitogeografia regional. Em termos geobotânicos, a região começou a perder o seu apelido de Complexo do Pantanal graças a um primeiro mapeamento de sua vegetação, efetuado por Henrique Pimenta Veloso (1972). Eventualmente, a área do Pantanal tem conduzido diversos pesquisadores a uma lamentável confusão conceitual, através da aplicação simplista da expressão "ecossistema pantaneiro" à totalidade do conjunto físiográfico regional. Nesse sentido, da mesma forma que é absolutamente errado confundir o grande domínio morfoclimático e fitogeográfico da Amazônia com a expressão reducionista "ecossistema amazônico", é ainda mais impróprio e inadequado aplicar, a um setor de contato e grande desdobramento de ecossistemas terrestres e aquáticos, a expressão "ecossistema pantaneiro". Tal como seria totalmente absurdo aplicar ao conjunto da depressão pantaneira o epíteto de bioma, eventualmente lembrado. Tratam-se de sérias questões conceituais e metodológicas a serem respeitadas.

Os estudos históricos e socioeconômicos disponíveis, por sua vez, são muito fragmentários e assistemáticos, mesclando fatos que dizem respeito às terras pantaneiras com fatos outros que se referem a setores eminentemente peripantaneiros ou extrapantaneiros. Não existe, por razões óbvias, uma rede urbana do Pantanal, mas, de qualquer forma, há que se obter uma compreensão mais ampla da rede urbana peripantaneira, no interesse do entendimento das relações das atividades econômicas e sociais do Pantanal com os núcleos urbanos que, por meio de infraestrutura de transportes e serviços administrativos e comerciais indispensáveis, lhe dão sustentação múltipla e garantia de economicidade. A história disponível refere-se, propriamente, mais às classes dominantes e produtoras do que à sociedade total do Pantanal e seu entorno. Ainda há muito o que fazer para se restaurar o legado do passado, em face de uma área de grandes vazios, dinâmica natural complexa e uma forte vocação para a implantação de instrumentos preservacionistas. Praticamente nada terá sido feito no campo de sua autêntica historiografia, enquanto não se fizer uma história total, incluindo corretamente o passado e o cotidiano do homem residente na vastidão dos pantanais, homem esse que, mais do que em outras regiões, permanece um tanto isolado das regiões social e economicamente mais dinâmicas do país.

Efetivamente raros são os estudos ou contribuições que atingiram um bom nível de compreensão não só das realidades específicas – locais ou municipais – sob a dupla ótica das ecozonas da grande planície, mas também das relações sofridas entre homens e a natureza, projetando-se, necessariamente, nas relações entre sociedade e comunidades residentes nas cidades instaladas na borda do Pantanal; ou com os reais detentores do espaço, espalhados pelas mais diversas regiões do país. O Pantanal continua recebendo a calda dos agrotóxicos das propriedades situadas nas cabeceiras das drenagens que, até bem pouco tempo, alimentavam suas terras apenas com aguadas naturais, isto é, hidrogeoquimicamente naturais. Agora, os produtos envenenantes vêm de longe, participando, de alguma forma, dos transbordamentos de suas águas, através de corixos, lagoas e baías. Resíduos de uma erosão acelerada incluem-se no "comércio" da sedimentação fluvial em imensos setores dos rios pantaneiros, e uma modificação inesperada inicia-se nos processos de sedimentação milenares. No cotidiano dos espaços ocupados por velhas fazendas de gado, ocorre matança de jacarés. Em alguns setores dos rios pantaneiros, deslancha-se uma pesca predatória. Nas cadeias tróficas, ocorrem acidentes: matanças de jacarés iguais ao aumento dos cardumes de piranhas. O contrabando de fronteira intensifica-se, apoiado em alguns campos de pouso pequenos e interiorizados. Na solidão dos pantanais se introduziram novos personagens, aderindo a práticas sociais nocivas: coureiros, capangas de contrabandistas, caçadores incontentáveis. E, de repente, uma série de grupos de especuladores – atirados a um arremedo de turismo ecológico – através de empreendimentos de diversos portes, em pleno interior incontrolável dos pantanais. Tudo isso, à sombra de governos e administradores incompetentes, ou impotentes, e, via de regra, mal esclarecidos. Fatos, todos, que carecem de uma interpretação mais abrangente e integrada, capaz de ofertar propostas para uma correta extensão administrativa e um novo padrão de entendimento, endereçado a uma região geoecológica particularmente diversificada e rica. Trata-se, assim, de uma célula espacial do país que está a exigir uma extensão administrativa particularizada, e um novo padrão de controle, por parte do Estado e da sociedade brasileira.

No presente trabalho pensamos, tão somente, recuperar sua história fisiográfica e ecológica, tendo em vista esclarecer fatos de seus espaços naturais, suas ecozonas, sua dinâmica climático-hidrológica e dos fatores de perturbação de seus múltiplos ecossistemas. Aprofundando-nos no conhecimento da origem e evolução do Pantanal, pensamos entender melhor a gravidade dos fatores negativos provocados por ações antrópicas desconexas e malconduzidas.

A *Boutonnière* do Alto Paraguai: Uma Paleoabóbada Esvaziada à Margem da Bacia do Paraná

Coube ao cientista francês Francis Ruellan (1952) a primeira identificação do padrão de compartimento geomorfológico existente na Depressão do Alto Paraguai, onde, durante o Quaternário, veio a se formar o Pantanal Mato-Grossense. No trabalho intitulado *O Escudo Brasileiro e os Dobramentos de Fundo*, Ruellan reviu algumas das principais questões relacionada com as deformações antigas ou modernas da plataforma brasileira. Naquele ensaio, buscou-se entender as causas profundas dos arqueamentos de grande raio de curvatura, que responderam pelo mosaico de áreas de abaulamentos ou depressões no dorso geral do escudo. Entre numerosas referências sobre outras áreas do Brasil, Ruellan caracterizou a depressão pantaneira como um exemplo de grande *boutonnière*, escavada em terrenos pré-cambrianos, na área de fronteiras do Brasil com a Bolívia e o Paraguai, à margem noroeste da bacia do Paraná. Nesse esforço de identificação, estava incluída a ideia de que, em algum tempo do passado, aquilo que hoje é uma depressão teria sido uma vasta abóbada de escudo, funcionando como área de fornecimento detrítico para as bacias sedimentares do Cretáceo Superior. Caberia a Fernando de Almeida, depois, tratar dessas questões com mais ênfase e profundidade em diversos de seus trabalhos.

Um esclarecimento se torna necessário para a exata compreensão do conceito de *boutonnière* na linguagem geomorfológica francesa. Trata-se de uma expressão não muito consolidada na terminologia científica internacional, que procura identificar uma estrutura dômica de grandes proporções, esvaziada, durante o seu soerguimento, por um conjunto qualquer de processos erosivos. Trata-se, literalmente, de uma expressão simbólica – "casa de botão" –, através da qual se procura caracterizar uma depressão aberta ao longo do eixo maior de uma estrutura dômica, de grande expressão regional. Uma *boutonnière* é um tipo de relevo estrutural, que envolve uma notável inversão topográfica, a partir de uma estrutura dômica de grande extensão, comportando-se como uma depressão alongada, escavada a partir da abóbada central do domo. Via de regra, pressupõe um arqueamento em abóbada (em um setor de uma bacia sedimentar), uma superimposição hidrográfica (no eixo central do domo) e uma longa história erosiva, suficiente para ocasionar a evacuação de um grande estoque de massas rochosas, anteriormente constituintes da sua própria estrutura. Os protótipos de *boutonnières* mais comumente citados são o *pays* de Bray, a noroeste de Paris; e a região de Black Hills, em South Dakota. Em nível planetário, entretanto, cada caso é um caso, tanto em termos de história evolutiva quanto, sobretudo, em face das condições morfoclimáticas, fitogeográficas e ecológicas.

Todos os casos de *boutonnières* conhecidos dizem respeito a estruturas em abóbada existentes em um setor qualquer de uma bacia sedimentar soerguida. Não é, certamente, o caso exato da gigantesca depressão gerada à margem da bacia do Paraná, onde hoje se encontra o Pantanal Mato-Grossense. Na terminologia geomorfológica norte-americana, existe uma designação específica para as áreas de abaulamentos em setores de escudos ou velhas plataformas: domos cristalinos (*crystaline domes*). Tais áreas de arqueamentos sob dois eixos cruzados de mergulho – à moda dos domos – podem constituir, por algum tempo geológico, verdadeiros tetos de fornecimento de detritos para as bacias sedimentares adjacentes. Trata-se de "abóbadas de escudos", como preferimos designá-las. E, tal como intuiu Ruellan ao abordar a temática da origem dessas macroestruturas de velhas plataformas, o Brasil é muito rico em exemplos regionais desse tipo de deformações. Os geólogos as reconhecem pela simples designação de arcos: arcos de grande amplitude, entre bacias; arcos regionais, que fazem retrair as estruturas sedimentares nos bordos de uma bacia; criptoarcos que compartimentam o assoalho geral de algumas bacias. É importante saber que cada abóbada regional de escudos possui uma evolução própria, quer pela combinação entre a tectônica de arqueamento e a tectônica quebrável, quer pela própria história evolutiva, que comporta a intervenção de aplainamentos de cimeira, longas fases de entalhe, e presença de superfícies aplainadas interplanálticas ou intermontanas; e ainda, eventualmente, a interferência de processos de uma neotectônica. No estudo desses arcos – que na realidade são abóbadas ou meias abóbadas de escudos –, há que analisar o seu comportamento paleogeográfico, momentos de exaltação ou estabilidade, e história geomorfológica, que podem conduzir algumas áreas a maciços antigos em forma de abóbada (Borborema); ou meias abóbadas (Núcleo Uruguaio–Sul-Rio-Grandense do Escudo Brasileiro); ou a esvaziamentos erosivos por eversão e recheio sedimentar moderno (Planalto Curitibano); ou a esvaziamentos acompanhados de eversão, pediplanação e recheio detrítico-aluvial por efeitos de uma importante fase de tectônica residual, pós-pediplanação (caso da Depressão do Alto Paraguai). Em um trabalho de geomorfologia regional comparativa, fizemos um cotejo entre a história geomorfológica do maciço da Borborema, no Nordeste brasileiro, e o maciço Uruguaio–Sul-Rio-Grandense, no Rio Grande do Sul. Somente agora temos fôlego para intentar um estudo da complexa abóbada esvaziada onde se formou a bacia detrítica do Pantanal Mato-Grossense.

 A vantagem da aplicação, por extensão, do conceito de *boutonnière* à grande Depressão do Alto Paraguai liga-se ao notável processo de esvaziamento erosivo sofrido pela região durante o soerguimento pós-cretácico. A vasta abóbada de escudo ali formada até o Cretáceo comportou-se, depois, como anticlinal esvaziada, de grande amplitude regional. Ao fim da Era Mesozoica, entre a borda noroeste da bacia do Paraná, a região fornecia sedimentos para o Grupo Bauru (Alto Paraná) e para a bacia detrítica dos Parecis, formada acima da área dos derrames basálticos de Tapirapuã (a noroeste da atual Depressão do Alto Paraguai).

O perfeito equacionamento do cenário geomorfológico do paleoespaço da Depressão do Alto Paraguai, ao se findar o Mesozoico, deve-se a Fernando de Almeida (1965):

a origem do relevo do sul de Mato Grosso deve ser buscada nos tempos cretáceos, quando não existia a baixada paraguaia mas sua área atual participava de uma região elevada que separava a zona andina da bacia sedimentar do Alto Paraná. A existência de tal divisor de águas durante o Mesozoico Superior tem sido sugerida por vários investigadores, sendo apoiada por alguns fatos. Assim, a grande quantidade de seixos de quartzo nos sedimentos cretáceos da serra de Maracaju, entre eles existindo alguns de turmalinito, não pode ser explicada senão admitindo-se uma primitiva drenagem procedente da região cristalina a ocidente da bacia sedimentar, conclusão já antes apontada (Fernando de Almeida, 1946, p. 241). Também a completa ausência de sedimentos cretáceos em toda a área extra--andina da bacia hidrográfica do Paraguai. É fato sugestivo supor-se que, então, a drenagem dessa área ganhava a bacia do Alto Paraná através da Zona Cristalina Ocidental e do Planalto da Bodoquena. Relação semelhante julgamos existir entre a superfície de erosão que, no Alto Paraguai, nivela as serras da Província Serrana, e a sedimentação cretácea da serra do Parecis (Almeida, 1965, p. 91).

Praticamente nada há a acrescentar a esses escritos de Almeida, o grande especialista brasileiro na geologia e geomorfologia de Mato Grosso.

Ao findar-se o Cretáceo, o nível tectônico em que se encontrava o país era relativamente muito mais baixo do que o atual, a rigor inexistindo o Planalto Brasileiro tal como o conhecemos (Freitas, 1951; Ab'Sáber, 1964). Foi o extraordinário esforço tensional, relacionado ao soerguimento em bloco da plataforma brasileira – entre o Cretáceo e o Plioceno –, que deslanchou a intervenção da tectônica quebrável para setores expostos de escudos, à margem das grandes bacias sedimentares paleomesozoicas. Quando se processou um soerguimento da ordem de centenas de metros para o conjunto do Planalto Brasileiro, era impossível deixar de ocorrer uma desestabilização tectônica, num quadro em que o fundo das bacias intracratônicas encontrava-se entre dois e quatro mil metros de profundidade, enquanto os setores expostos dos escudos achavam-se a apenas algumas dezenas ou centenas de metros em relação ao plaino terminal das bacias cretácicas, situadas acima ou fora das grandes bacias de sedimentação páleo e mesozoicas. Quanto maior foi o empenamento dos núcleos expostos de escudos, mais intensa e ampla a intervenção da tectônica quebrável pós-cretácica, como, aliás, é o caso no sistema de montanhas em blocos falhados do Brasil de Sudeste, situados à retaguarda dos grandes falhamentos cretácicos da plataforma. Na região onde atualmente se situa a Depressão do Alto Paraguai, aconteceram falhamentos importantes, porém limitados em espaço, afetando principalmente o eixo da velha abóbada regional de escudo, ao ensejo do soerguimento pós-cretácico de conjunto. Fernando de Almeida (1965) discute amplamente as questões relacionadas ao sistema de falhas que teria facilitado o desventramento da Depressão do Alto Paraguai. O autor refere a possibilidade de identificar-se um conjunto de falhamentos submeridianos (NNE-SSO), afetando o Grã-Chaco na Bolívia e Paraguai, e o núcleo principal da Depressão do Alto Paraguai no Brasil, sendo que os dois setores teriam tido uma separação de compartimentação tectônica, balizado pelo eixo das morrarias fronteiriças entre o Brasil e a Bolívia. A tectônica pós-cretácica e pré-pliocênica ter sido mais ampla e complexa do que a fase da tectônica residual, responsável pela geração da bacia pleistocênica do Pantanal, auxilia a compor as ideias sobre a história tectônica e fisiográfica total da grande depressão regional. Por sua vez, as novas imagens sobre o conjunto da depressão pantaneira, obtidas através do satélite Landsat, documentam mais concretamente as grandes linhas de falhamentos e fraturas que afetaram a região durante o soerguimento pós-cretácico. Algumas dessas linhas de tectônica quebrável estão bem marcadas em estruturas paleozoicas da própria borda ocidental da bacia do Paraná, sobretudo a direção NNE--SSO, que, em conjunto com as direções ONO-SSE e O-E, auxiliam a compreensão da fragmentação tectônica da abóbada de escudo regional.

Os Aplainamentos Regionais na História Geomorfológica do Alto Paraguai e Seu Entorno

O estudo das superfícies aplainadas ocorrentes em uma província geomorfológica definida, como é o caso do Alto Paraguai, auxilia substancialmente a compreensão da história fisiográfica regional. Os plainos de erosão de diferentes ordens de antiguidade, com presença bem marcada no conjunto topográfico regional, têm a mesma significação que as discordâncias em relação à estratigrafia e história da sedimentação regional. Algumas discordâncias angulares basais são, na realidade, *paleoplanos*.

Toda grande estrutura dômica, sendo esvaziada por longos processos erosivos, apresenta um jogo de superfícies aplainadas, marcadas por diversos tipos de truncamentos e testemunhadas por eventuais depósitos correlativos. No caso particular da grande abóbada de escudo correspondente ao Alto Paraguai, também entalhada por longos processos erosivos, ocorrem três séries de testemunhos de velhas e modernas aplainações:

– Superfícies fósseis – de velhíssimos plainos de erosão e tamponadas por grandes pacotes de sedimentos paleomesozoicos – que serviram de suporte e assoalho para as formações basais da bacia do Paraná. Trata-se de aplainações muito antigas, inicialmente elaboradas em condições subaéreas e aperfeiçoadas, posteriormente, pela progressão sedimentária de mares eodevonianos, e, ainda mais tarde, por mares do Período Carbonífero Superior, em terrenos antigos da plataforma brasileira. Tais superfícies fósseis têm baixo nível de participação nos componentes atuais do relevo regional, salvo em raros pedestais da base das formações devonianas, sujeitos a uma exumação muito recente, por larguras e espaços ínfimos. Tanto o paleoplano devoniano quanto o do Carbonífero Superior mergulham para leste ou este-sudeste, no entorno da Depressão do Alto Paraguai, recebendo entalhes obsequentes dos rios que se dirigem para o Pantanal Mato-Grossense;

– Velhas superfícies de cimeira, que truncam formações paleomesozoicas da borda ocidental da bacia do Paraná, testemunhadas por subnivelamentos em altos reversos de escarpas estruturais (*cuestas* de Aquidauana e de Maracaju) e dorso do Planalto dos Parecis. Nas cimeiras desses planaltos que envolvem a grande Depressão do Alto Paraguai existe toda uma série de aplainações, participando das áreas de reverso ou dorso de planaltos, a saber: superfícies regionais de grande extensão, anteriores à formação dos vales subsequentes do planalto de Itiquira–Taquari (planalto dos Alcantilados, de Almeida), marcadas pela presença de coberturas detrítico-lateríticas descontínuas, geradas possivelmente no Oligoceno–Mioceno. Teria sido uma longa fase de retomada dos aplainamentos, após a deposição das formações do Cretáceo Superior (Alto Paraná e Parecis), anterior à fase principal de levantamento neogênico que transformou toda a bacia do Paraná em uma área de "*cuestas* concêntricas de frente externa" (Ab'Sáber, 1949), ao tempo em que falhamentos na abóbada de escudo contribuíram para o esvaziamento denudacional da região, efetuando capturas de parte das drenagens dos planaltos para a *boutonnière* em formação. Não fosse a presença desse aplainamento generalizado da borda ocidental da bacia do Paraná, teria sido impossível a captação de partes da antiga drenagem centrípeta do rio Paraná para oeste, no momento do soerguimento de conjunto, que deu início ao entalhamento da abóbada tectonizada. Falhamentos em bloco e vales *postcedentes* – amarrados a um mergulho regional da superfície para SSO, ao par com a presença de um nível de base mais baixo e estimulante para processos de erosão regressiva generalizada – contribuíram para criar um novo e restrito quadro de drenagem centrípeta onde, outrora, existiu a abóbada dotada de drenagens grosso modo radiais, ou pelo menos divergentes (Alto Paraná, Parecis, Bolívia-Paraguai). Em alguns setores dos planaltos divisores Prata-Amazonas ocorrem em áreas de exumação de superfícies cretácicas, participando da condição de cimeiras, expondo o tronco de dobras das serranias do Grupo Alto Paraguai (Formação Araras). Na borda ocidental da bacia do Paraná e serra da Bodoquena, por diversas razões, existe a possibilidade de considerar a ocorrência de uma verdadeira série de superfícies de cimeira: a cimeira superior, descontínua, correspondente aos altos dos testemunhos da Série Aquidauana (Planalto dos Alcantilados), e os interflúvios intermediários elevados dos planaltos do Alto São Lourenço–Itiquira–Taquari, até ao dorso subnivelado da serra da Bodoquena. Tal série dupla de aplainações de cimeira teria sido elaborada em momentos diversos dos tempos paleogênicos, entre o Oligoceno e o Mioceno. Do Mioceno ao Plioceno aconteceu a fase principal de soerguimento da velha abóbada regional do Alto Paraguai, com inversão de parte da drenagem que se dirigia para o rio Paraná, através de generalizados processos de capturas por cursos de água obsequentes, recentemente instalados no eixo da abóbada rota por falhas e fraturas, tributários de um paleorio Paraguai;

– Superfície intermontana, conhecida como *pediplano cuiabano*, que, devido à sua projeção espacial em todo o conjunto da *boutonnière* do Alto Paraguai, passa a superfície interplanáltica. Seus testemunhos podem ser vistos na região de Cuiabá, ao longo dos antigos piemontes das escarpas estruturais dos Guimarães e Aquidauana, sob a forma de velhos pedimentos, hoje suspensos, em níveis de altitude de 220-250 m, ou pouco mais. Identicamente, ocorrem testemunhos dessa superfície neogênica: a noroeste do Pantanal; ao sul da grande depressão regional (Miranda–Aquidauana); e em diversos setores do entorno dos altos maciços e morrarias da região fronteiriça com a Bolívia e o Paraguai (Projeto Radambrasil). No núcleo central da *boutonnière*, devido à neotectônica quaternária, todos os remanescentes pressupostos dessa superfície neogênica estão afogados pela sedimentação da bacia do Pantanal, participando como assoalho irregular da nova bacia tectônica regional. Até onde ocorrem os remanescentes do pediplano cuiabano, no entorno da grande depressão, estão os limites da primeira fase de esvaziamento da antiga abóbada de escudo do Alto Paraguai. Nos bordos dos testemunhos do pediplano cuiabano, e ao longo dos setores de vales encaixados em terrenos dessa superfície, existem níveis intermediários de erosão, representados por pedimentos e terraços fluviais embutidos, dotados de variadas composições litológicas e tipologias de origem, conforme sejam os quadrantes da bacia considerados. No núcleo principal da depressão, no nível de 100 a 150 m abaixo da superfície cuiabana, ocorrem depósitos do topo da bacia do Pantanal (cones de dejeção) e planícies aluviais ou discretamente fluviolacustres, ocupando preferencialmente largos interstícios entre leques aluviais e outros tantos leques similares e baixos terraços peripantaneiros. É impossível entender-se o Pantanal Mato-Grossense, em termos de origem e evolução, sem levar em conta a amplitude original do pediplano cuiabano.

Afora das superfícies fósseis em exumação das sobrelevadas superfícies de cimeira e da grande superfície interplanáltica, há lugar para registrar uma característica geomorfogenética especial, que diz respeito a grandes setores do pediplano cuiabano. Esta superfície, em muitas de suas áreas de ocorrência, foi talhada abaixo do nível das superfícies fósseis pré-devonianas e pré-carboníferas. Na área da Chapada dos Guimarães, o contato entre o Devoniano e o embasamento de granitos e xistos encontra-se entre 520-550 m de altitude na encosta da serra, enquanto o nível geral do pediplano cuiabano desenvolve-se, principalmente, entre 200-220 m, atingindo 300 m nas áreas mais elevadas da antiga rampa de pedimentação, talhada nos sopés da escarpa. Nessa área, como na maior parte dos sopés das escarpas de Aquidauana, os fenômenos de *eversão* estão muito bem marcados, independentemente de qualquer interferência de falhamentos. Em face das formações devonianas suspensas no pedestal cristalino da serra, existe grande semelhança com o que acontece nas encostas da serra Grande do Ibiapaba ou da serrinha do Paraná. Em todos esses casos se faz presente o caráter de *eversão*, já que as superfícies neogênicas talhadas à margem de tais escarpamentos estão a centenas de metros abaixo da superfície pré-devoniana.

O Paleoplano Pré-Formação Furnas na Área da Chapada dos Guimarães

As questões envolvidas com a gênese da superfície fóssil pré-devoniana, que se encontra em processo de exumação na base das formações areníticas da Chapada dos Guimarães, merecem uma análise em separado. As escarpas estruturais dessa área-tipo vêm recuando já há muito tempo, sendo que, na medida em que os recuos reexpõem a plataforma aplainada pré-devoniana, ocorrem retalhamentos por eversão, que acabaram por elaborar uma superfície *intraboutonnière*, que é o moderno pediplano cuiabano. Nas porções médio-superiores da Chapada dos Guimarães ainda se podem ver patamares de exumação na base imediata das formações areníticas regionais. Trata-se de saber como foram elaboradas essas velhas superfícies, aplainadas durante a progressão da sedimentação marinha rasa devoniana: uma questão geológica e, ao mesmo tempo, paleogeomorfológica.

Na literatura geomorfológica brasileira, a primeira superfície fóssil em franco processo de desenterramento registrada foi percebida por Emanuel De Martonne (1940), em seus estudos sobre os altos subnivelados das serranias de Itu–Cabreúva, fortemente inclinados para oeste, na direção da base da bacia sedimentar do Paraná. No caso, portanto, tratava-se de um velhíssimo aplainamento, pré-estruturas basais, dos sedimentos do Carbonífero Superior, visíveis nos terrenos cristalinos situados a nordeste da bacia do Paraná. Martonne designou-a superfície fóssil pré-permiana (?), enquanto Almeida (1959), superfície de erosão Itaguá, atendendo ao fato de ser nessa área que ela possui o seu máximo de expressão e tipicidade. O tempo se encarregou de mostrar que havia muitas irregularidades na topografia da superfície pré-carbonífera e que ela, além das irregularidades locais na faixa de contato entre o Pré-Cambriano e as camadas basais da bacia sedimentar na região de Itu-Salto, possuía movimentação muito maior em setores dos municípios de Jundiaí e Mairinque, onde ocorriam *outliers* das formações do Carbonífero Superior, situados a duas ou três dezenas de quilômetros da faixa de contato principal. Na borda ocidental da bacia, em Mato Grosso, a superfície pré-carbonífera é muito mais perfeita, devido à predominância de uma sedimentação rasa, marinha ou semimarinha, pontilhada de clásticos glaciais (*drift*), conforme constatações de Antonio da Rocha Campos.

Nessa margem da bacia do Paraná voltada para a Depressão do Alto Paraguai, ao norte da serra de Aquidauana, ocorrem notáveis testemunhos de uma superfície basal ainda mais velha do que a pré-carbonífera. Trata-se de uma repetição daquilo que acontece na base de outras bacias devonianas do País, situadas em áreas muito distantes entre si, tais como a serrinha do Paraná e o OSO de São Paulo, a serra Grande do Ibiapa (Ceará–Piauí), e a própria Chapada dos Guimarães. Kenneth Caster (1947) identificou esse plaino basal das formações devonianas brasileiras, vistas por ele no Paraná e em Mato Grosso, pelo nome de *paleoplano* pré-devoniano. Essa expressão paleoplano – velho plaino de desnudação fossilizado – tem uma correlação marcante com a ideia de um aplainamento realizado *pari passu* com a ampliação de uma sedimentação marinha epicontinental. Por essa razão, apesar de linguisticamente não envolver uma conceituação genética, tem uma séria tendência para indicar o registro de uma transgressão marinha, progressiva e continuada, sobre terrenos antigos, incluindo a ideia de uma aplainação por processos de abrasão. Pelo menos, foi assim que Caster aplicou o termo ao caso da base aplainada de nossas principais formações devonianas. Para o esclarecimento dos processos em jogo no passado geológico, ou seja, para explicar a criação de uma superfície de aplainamento tão perfeita, na base de formações areníticas de grande extensão, há que se reservar um tratamento mais aprofundado das questões nelas implícitas.

Fernando de Almeida (1954), muito embora não tenha registrado a designação *paleoplano* proposta por Caster, teceu considerações oportunas sobre a gênese da superfície pré-devoniana na área da Chapada dos Guimarães, localidade-tipo para o estudo de seus testemunhos. Transcrevemos, na íntegra, as considerações feitas por Almeida, em 1954, sobre as questões da origem da superfície pré-devoniana:

> Outra questão sumamente interessante no estudo do Devoniano brasileiro consiste na notável superfície de erosão, perfeita peneplanície, sobre que repousam os arenitos Furnas. A distinção da origem de uma superfície peneplanada, se marinha ou subaérea, é problema sumamente difícil (W. M. Davis, 1909), e que, no caso em questão, não poderá ser resolvido antes que seja efetuado um estudo da natureza, por exemplo, feito por Crosby (1889) na base do Cambriano do Colorado. Possivelmente o mar eodevoniano, no seu avanço, cobriu uma superfície cuja prolongada erosão pré-devoniana reduzira a uma peneplanície, mas encontraria sobre ela todo o imenso volume de material que removimentou? Achamos pouco provável. Devemos admitir, então, que essa superfície foi talhada pelo mar transgressivo? Não ousamos dar resposta a essas perguntas, pois faltam-nos fatos para apoiá-las, mas confessamo-nos simpáticos em atribuir ao mar um papel importante, senão mesmo decisivo, no entalhe dessa superfície, que seria devido à abrasão marinha antes que desenvolvida por erosão fluvial.

Ao colocar o problema da gênese da superfície pré-devoniana da Chapada dos Guimarães nesses termos, Almeida caminhou muito, na direção de uma correta interpretação. Tudo conduz a acreditar que o paleoplano regional da base das formações devonianas é o resultado terminal de uma longa história geomorfológica. É fácil saber-se que aquele velho plaino constitui-se no capítulo terminal de toda uma sequência de reduções e aplainamentos prévios da plataforma brasileira, levados a efeito na primeira parte do Paleozoico, culminando por aplainações amplas entre o Siluriano e o Devoniano Inferior. Essa redução prévia das saliências maiores, incluindo rebaixamentos das formações cristalinas e de complexas faixas de rochas epimetamórficas pré-cambrianas, teria criado grandes extensões de terrenos de baixa amplitude topográfica, sobre os quais se desenvolveram solos arenizados. Sem levar em conta, ao mesmo tempo, a topografia e os tipos de solos genéricos nela desenvolvidos, não se pode compreender as razões do aplainamento final por abrasão marinha transgressiva. A existência de rochas cristalinas na plataforma, representadas por formações graníticas ou granitizadas, sujeitas a decomposição incipiente, generalizadamente atingidas pela *arenização*, deve ter sido essencial para preparar o terreno para uma transgressão de tão vastas proporções e capacidade de retrabalhamento de areias. Teria sido um quadro paleogeográfico desse tipo que sofreu, depois, uma subsidência gradual, favorecedora da expansão dos mares epicontinentais devonianos. Os eixos de negatividade eram ligeiramente diversos daqueles que aconteceriam a partir do Carbonífero Superior, dando corpo à imensa bacia do Paraná. Da combinação entre o rebaixamento prévio (Siluro-

Foto 1 – Paisagem do Planalto dos Parecis, ao Norte da Serra das Araras, onde ocorre uma série desdobrada de superfícies de cimeiras (entre Rosário Oeste e Diamantino). No primeiro plano, a superfície cuiabana, em posição marcadamente intermontana, transformada em topografia colinosa, revestida por cerrados, penetrada por florestas galerias e capões de mata (Foto: Ab'Sáber, julho de 1953).

devoniano) por processos subaéreos – acompanhados da arenização, e, logo, pela subsidência sub-regional – resultou a possibilidade de um registro sedimentário do teor espacial e do volume de clásticos de nossas primeiras formações devonianas, hoje dispostas sob a forma de retalhos regionais de chapadas com rebordos diversificados (*cuestas* suspensas, na Chapada dos Guimarães; blocos falhados, na Serra Azul, em Barra do Garças, na fronteira de Mato Grosso e Goiás).

Tal forma de raciocínio importa em uma avaliação retrospectiva da geomorfologia climática regional, sem eliminar todas as outras considerações paleotectônicas e erosivas. Foi sobretudo a existência de rochas arenizadas – ao par com uma sedimentação praial de grande espacial, forçada pela subsidência da plataforma – que criou uma sedimentação basal arenítica de grandes proporções (arenito tipo Furnas), enquanto as formações subsequentes, de topo, incluíram o resíduo argiloso acumulado em águas mais fundas, que encimavam os arenitos (folhelhos tipo Ponta Grossa). Não fora o aplainamento prévio, teria sido muito difícil, senão impossível, criar-se o *paleoplano* regional, sobretudo com o nível de aperfeiçoamento com que ele se apresenta na base das formações areníticas dos altos intermediários da Chapada dos Guimarães.

A Combinação de Processos Responsável pela Gênese do Pediplano Cuiabano

No que diz respeito às superfícies intermontanas, ou mais propriamente interplanálticas, a questão mais séria é a da origem do *pediplano cuiabano*. A discussão da gênese dessa superfície aplainada que antecedeu a formação do Pantanal é particularmente importante, porque envolve toda a história da evacuação das massas rochosas presumivelmente removidas do interior da *boutonnière* do Alto Paraguai, entre o soerguimento pós-cretácico e o entalhamento da aludida superfície. No caso, a combinação de fatos tectônicos páleo-hidrográficos e denudacionais é mais complexa, ainda, do que os eventos anteriores, relacionados à gênese do paleoplano pré-devoniano e da superfície das cimeiras dos planaltos regionais, a despeito mesmo da extensão mais restrita e circunscrita da Depressão do Alto Paraguai.

Muito provavelmente a abóbada regional do Cretáceo, existente na região, foi rota por falhamentos durante o fecho da sedimentação cretácica nas bacias dos Parecis e de Bauru Superior. Nesse momento, iniciou-se a instalação de drenagens para SSO, estimuladas pelo soerguimento epirogenético macrorregional, durante a primeira parte da Era Terciária. Para reduzir as saliências embutidas, geradas pelo sistema de blocos falhados do núcleo da abóbada soerguida, deve ter ocorrido uma série de variações climáticas regionais que, a despeito de serem relativamente lentas e pouco frequentes, colaboraram para o rebaixamento geomorfológico da região. Tudo isso ocorreu ao sabor da instalação dos primeiros climas úmidos, subquentes ou quentes, na porção central da América do Sul. Do Cretáceo Inferior ao Cretáceo Superior, os climas regionais variaram de árido extensivo até um semiárido rústico, envolvendo bacias detríticas lacustres e fluviolacustres, isoladas ou interligadas. Predominavam, à altura da Formação Bauru (Superior), agrupamentos de solos da faixa dos *pedocals*. A partir da retomada da umidificação acontecida entre o Eoceno, o Oligoceno e o Mioceno, durante o soerguimento pós-cretácico, surgem solos do padrão geral dos *pedalfers*, na medida em que as drenagens endorreicas ou pró-endorreicas transformaram-se em drenagens abertas, tipo exorreicas. Houve, assim, durante o Terciário Inferior, um conjunto de mudanças integradas, que envolveram o nível tectônico do território: a instalação de climas tropicais ou subtropicais úmidos ou subúmidos; uma instalação de um sistema hidrográfico largamente centrípeto na região do Alto Paraná; e uma drenagem *postcedente*, controlada por falhas, na abóbada de escudo do Alto Paraguai, ambas funcionando em condições exorreicas. E, por fim, uma atuação de evacuação sedimentária continuada, no núcleo do domo cristalino da grande depressão em formação no Alto Paraguai.

Tudo isso deve ter culminado, ao fim do Terciário, por uma fase final de aperfeiçoamento de uma aplainação circunscrita, representada por aquilo que sucessivamente foi chamado de peneplanície cuiabana, pediplano cuiabano e que, segundo pensamos, teve uma gênese híbrida: primeiramente atuando a *etchplanação*, logo seguida por gigantesca pediplanação. Isto significa dizer que houve uma fase de climas quentes ou subquentes úmidos, geradores de uma topografia corrugada, que comportava grandes massas de regolitos. Após a atuação dessas condições morfoclimáticas quentes ou subquentes e úmidas, envolvendo um determinado tipo de cobertura vegetal, deve ter ocorrido uma mudança climática na direção de climas secos de demorada atuação, sob o estímulo complementar de uma discreta epirogênese, criadora de uma prolongada rampa para sudoeste. Os climas secos recém-ampliados teriam feito fenecer a vegetação florestal e colaborado para a desintegração e o lento transporte dos materiais argilificados pela decomposição anteriormente elaborada.

Essa derruição da paisagem úmida pelos processos de *etchplana-*

ção equivaleu a um verdadeiro desmonte de um corpo paisagístico de grande extensão. Ao mesmo tempo que os climas secos se prolongaram, no espaço e no tempo, por alguns milhões de anos, houve oportunidade para um aperfeiçoamento da pediplanação, restando apenas alguns *inselbergs*, aqui e ali, no dorso da vasta área de aplainamento regional. Nos interflúvios mais altos das colinas cristalinas da região de Cuiabá – muitas centenas de metros abaixo da superfície fóssil pré-devoniana da Chapada dos Guimarães – observa-se perfeitamente a presença desse plaino de erosão híbrido. Para não envolver uma conceituação genética individualizada para esse plaino de erosão pré-pantaneiro, de origem muito complexa, convém designá-lo tão somente por superfície (de aplainamento) cuiabana. Caso se comprove a existência de uma série desdobrada de superfícies interplanálticas no conjunto da grande Depressão do Alto Cuiabá (como de resto ocorre na maior parte das depressões periféricas e depressões interplanálticas brasileiras, desde o Nordeste ao Rio Grande do Sul), seria de todo interessante identificar-se a *superfície cuiabana velha* e uma *superfície cuiabana moderna*.

Os testemunhos da superfície cuiabana, bem visíveis nos interflúvios mais elevados das colinas de Cuiabá, encontram-se circunscritos aos sopés dos pedestais de rochas cristalinas situados abaixo das escarpas de Aquidauana e dos Guimarães, assim como nas zonas pré-serranas e pré-planálticas, situadas a noroeste, nordeste, sudeste e extremo sudoeste da atual grande Depressão do Pantanal Mato-Grossense. Com a retomada da tectônica que criou a gigantesca planície do Pantanal, o corpo geral da antiga área aplainada perdeu espaço no conjunto da Depressão do Alto Paraguai, permanecendo seus testemunhos apenas nos bordos do atual compartimento deprimido, encostado na base das serranias ou cristas de tipo apalachiano, ou rendilhando as áreas que precedem de perto as escarpas estruturais complexas das Chapadas dos Guimarães e Aquidauana. São perfeitamente nítidos os velhos pedimentos suspensos que documentam a fase terminal de aplainamento por pediplanação dos fins do Terciário ou da época pliopleistocênica. O morrote de Santo Antônio de Leverger é um protótipo dos *inselbergs* da superfície cuiabana velha, que resistiu aos repuxões basais da dissecação fluvial, efetuados pela retomada de pedimentação e terraceamentos. Exatamente como aconteceu nas vastas superfícies aplainadas dos sertões do Nordeste, onde os plainos de erosão sertanejos permaneceram por grandes espaços no Ceará, Paraíba, Rio Grande do Norte, Pernambuco e Bahia, entre outras áreas de menor extensão. A revisão dos fatos tectônicos e denudacionais paleogênicos, ultimados pela rápida sucessão de *etchplanação* seguida por pediplanação

Foto 2 – Perspectiva do pediplano cuiabano, transformado em suaves e amplas colinas de topo plano, ao Norte de Cuiabá. Região de grandes extensões de cerrados e estreitas florestas galerias e veredas, a meio caminho de Cuiabá e Rosário Oeste. Zona sujeita a fortes transformações recentes em atividades agrárias. Em detalhe, aspecto da estreita floresta galeria, com vegetação semidecídua, a qual se alarga, mais para o Sul, nos diques marginais dos rios pantaneiros, ao Sul e Sudoeste de Cuiabá, setor Norte do Pantanal (Foto: Ab'Sáber, julho de 1953).

extensiva – identificados no esvaziamento da *boutonnière* do Alto Paraguai – auxilia a compreensão da área nuclear de esvaziamento dos sertões do Ceará entre a Serra Grande do Ibiapaba, a Serra do Araripe e as serranias fronteiriças do Rio Grande do Norte e Paraíba. Por todas razões, o interior do Ceará comportou-se, do Cretáceo ao Plioceno, como uma macroabóbada do Escudo Brasileiro em processo diferencial de esvaziamento, nos mesmos esquemas híbridos que aconteceram com a superfície cuiabana. Mas no Ceará não houve uma retomada da tectônica em nível suficiente para deslanchar a formação de uma nova bacia do porte do compartimento que aloja a atual planície do Pantanal. Lá, a superfície sertaneja restou ocupando o espaço total da área de esvaziamento da grande abóbada de escudo regional, com alongadas rampas na direção do Norte, por onde se processou a principal faixa de evacuação dos sedimentos removidos da hinterlândia fisiográfica. Documentadas por testemunhos circumpantaneiros, as aplainações nos ensinam processos e acontecimentos que interessam a outras áreas do país. Mas as pulsações dos climas secos, com ampliações das floras de caatingas, realizadas em diferentes épocas do Quaternário, esclarecem-nos sobre fatos ecológicos muito mais delicados e importantes, correlacionados com as mudanças de marcha dos processos fisiográficos e paleoclimáticos. Os componentes das floras de caatingas que permaneceram nas terras não alagáveis dos bordos do grande Pantanal são relictos indeléveis, que balizam uma complexa história biótica iniciada no fecho da aplainação cuiabana.

Os *inselbergs*, representados por morrotes postados em diversas situações, são certamente relevos residuais da fase principal de elaboração da superfície cuiabana (velha). Muitos, dentre eles, ocupam hoje posições das mais diversas na topografia, devido às retomadas erosivas posteriores à fase principal de sua gênese. Uns encontram-se ilhados no meio dos aluviões mais recentes, outros ficaram postados em níveis intermediários de aplainamento ou terraceamento, e, alguns, permaneceram embrionários em extremidades de cristas apalachianas ("pontas de morros").

A Bacia do Pantanal: Significado Paleogeográfico

Para os que reclamam da relativa pobreza de documentos sedimentários úteis para interpretações paleoclimáticas e ecológicas no território inter e subtropical brasileiro, a bacia do Pantanal é um repositório de informações a recuperar. Há que, através da coluna sedimentar acumulada, sondar mais adequadamente a história quaternária dos processos e dos climas do passado regional naquela que é, sem dúvida, a mais importante bacia detrítica quaternária do país. Os conhecimentos existentes até hoje ainda são por demais fragmentários e certamente incompletos. Permitem apenas aproximações grosseiras e não integráveis. Limitamo-nos, por essa razão, a informes genéricos e comentários metodológicos, no que concerne à gênese e à recuperação dos parcos conhecimentos existentes sobre o significado paleoclimático e paleoecológico do material detrítico poupado no interior da bacia quaternária do Pantanal. E registramos o fato de que, ao baixo nível de informações existentes sobre as camadas mais profundas da bacia, corresponde, em compensação, uma grande riqueza de informes no que tange aos sedimentos de topo da mesma, projetados pela superfície geral da depressão pantaneira. Referimo-nos aos grandes leques aluviais dos fins do Pleistoceno, que deverão ser comentados com maior insistência e nível de tratamento adequados.

Não existe indicação metodológica mais fértil do que fazer os sedimentos de uma bacia sedimentar "contar" a própria história evolutiva do teatro deposicional. De Charles Lyell a Walther Penck, foram sendo aperfeiçoados os métodos de estudos dos depósitos correlativos, campo de investigações muito bem aproveitado pelos modernos pesquisadores de geomorfologia climática, com excelentes repercussões no Brasil. Não se trata, porém, de realizar uma sedimentologia fina, com alto nível de aplicações estatísticas, mas, sobretudo, de perceber as relações entre o material depositado com as áreas-fonte da remoção detrítica primária, levando em conta o sistema de transporte e suas implicações no retrabalhamento dos detritos removidos. E, na recuperação da história fisiográfica e ecológica de uma bacia, acima de tudo, ter uma exata compreensão do uniformitarismo e do princípio das séries inversas. Para com as velhas bacias intracratônicas, existe uma abundante bibliografia sobre as questões de origem e evolução sedimentária. Já com relação às bacias detríticas quaternárias, ocorre uma pobreza mais ou menos generalizada, fato que envolve algumas anomalias operacionais. Quem não se dispõe a interpretar fatos fisiográficos e paleoecológicos de períodos mais recentes tem maiores dificuldades para aplicações retroativas sobre a ideia genérica de que "o presente é a chave para o passado". Mesmo porque o passado comportou outros ritmos climáticos e outras escalas de processos, os estudos sobre formações correlativas mais recentes são indispensáveis para interpretações – adaptadas a essas escalas de tempo, espaço e processos – das formações mais antigas. É claro que estudos de microfácies de sedimentação são fundamentais para os primeiros cotejos e aproximações interpretativas. Igualmente relevantes são as observações metódicas sobre variações laterais de fácies, e, se possível, suas imbricações no espaço total da área de sedimentação. O que fazer, porém, quando não se tem quase nenhum acesso a tais verificações, devido à espessura e às dificuldades para multiplicar sondagens em uma bacia detrítica, encimada por pantanais e drenagens labirínticas? Há que se ter noção de tais limitações da ciência quando se intenta interpretar a gênese e a evolução de uma bacia sedimentar quaternária do porte da bacia do Pantanal.

Um ponto de partida nos parece sólido: a bacia do Pantanal é, certamente, pós-superfície cuiabana velha. Ou seja, para utilizar a nomenclatura habitual, aquela bacia sedimentar interior é pós-pediplano cuiabano. Disso decorre uma segunda constatação: a bacia do Pantanal foi certamente fruto de uma reativação tectônica quebrável, que interferiu sobre a rampa geral sul-sudoeste da superfície aplainada, e da paleodrenagem existente no fecho da pediplanação. Para anichar detritos, removidos das escarpas e espaços circundantes por uma área superior a 100 mil km^2 de extensão, foi certamente necessária a intervenção de um esquema de falhas geomorfologicamente contrárias, segundo o modelo que, entre nós, já foi proposto para a gênese da bacia de São Paulo, por exemplo (Ab'Sáber, 1957). Trata-se de um esquema de falhas escalonadas descendentes, a partir do reverso de soleiras tectônicas intermitentemente ativas; ou, em outras palavras, um sistema de falhas de pequeno rejeito, contrárias à inclinação primária da superfície topográfica regional. Às vezes, esse sistema de falhas comporta apenas uma somatória de falhamentos de muito pequeno rejeito; outras, envolve uma compartimentação tectônica mista, em que se inclui uma somatória de falhas contrárias e uma ou mais pequenas fossas tectônicas alternadas. Em última instância, trata-se de um compartimento tectônico originado por falhas geomorfologicamente contrárias, do tipo do que estamos tratando. Comporta-se como uma fossa tectônica de maior amplitude espacial, relacionada a um conjunto de falhamentos contrários tardios, em uma área que sofreu previamente uma grande movimentação tectônica.

Por tudo o que se sabe da história tectônica e denudacional da depressão do Alto Paraguai (*boutonnière* do Alto Paraguai), é quase certo que a tectônica pós-pediplano cuiabano desenvolveu-se ao longo do Pleistoceno, como um episódio de tectônica quebrável residual, no modelo proposto de "falhas geomorfologicamente contrárias". E, por extensão, pode-se afirmar que, na medida em que essa tectônica se desenvolveu, a sedimentação espessou-se e coalesceu ao longo do espaço atualmente correspondente ao Pantanal Mato-Grossense. Além disso, pode-se deduzir que houve uma certa irregularidade no ritmo dessa tectônica, com implicações para a continuidade da sedimentação no interior da bacia do Pantanal (Orellana, 1979).

Os conhecimentos acumulados – acerca da espessura dos sedimentos e da conformação do assoalho da bacia do Pantanal – são apenas suficientes para nos dar uma ideia aproximada daquele compartimento tectônico. Até a década de 1950, pensava-se que a bacia detrítica regional possuísse apenas algumas dezenas de metros de espessura. Devem-se a Almeida (1965) as primeiras notícias mais concretas sobre a amplitude vertical do pacote sedimentário da bacia, representadas pelo resultado de duas sondagens, que não atingiram o embasamento: "Na Fazenda Firme, uma sondagem perfurou 94 m de areia fina, silte, argila e argilito, sobretudo de origem fluvial"... "Na Fazenda Paraíso, uma camada de canga com cerca de meio metro de espessura apresentou-se a 79,6 m abaixo da superfície". Essas duas primeiras sondagens – obtidas pontualmente na imensidade do Pantanal – foram suficientes para comprovar a origem tectônica da depressão pantaneira, já que o assoalho da bacia deveria estar abaixo do nível atual dos mares. Esta foi a conclusão de Almeida sobre as aludidas sondagens e os sedimentos por elas atravessados: "Achando-se o Pantanal da Nhecolândia a cerca de 110 m de altitude, verifica-se estarem as camadas mais profundas, ora conhecidas, quase ao nível do mar, embora diste a região cerca de 2.500 km, o que fala claramente em favor dos processos de afundamento por que vem passando a planície" (Almeida, 1965, p. 107).

Como decorrência dessas primeira sondagens, houve um movimento a favor de uma pesquisa mais sistemática, capaz de oferecer dados sobre as camadas basais da bacia do Pantanal. Na realidade foram, também, os novos conhecimento sobre bacias sedimentares em regime de fossas tectônicas, existentes ao longo da costa e da plataforma brasileira, que animaram a área técnica da Petrobrás a proceder novas perfurações, acompanhadas de rastreamento geofísico, para um melhor conhecimento das potencialidades daquela bacia. Efetivamente, os conhecimentos obtidos sobre criptodepressões brasileiras – Marajó, por exemplo – pesaram muito na decisão da Petrobrás em realizar investigações mais sistemáticas na área do Pantanal. Com a dupla iniciativa de novas e mais profundas perfurações somadas a estudos geofísicos bem planejados, pôde-se esclarecer que a bacia do Pantanal possuía algumas centenas de metros de profundidade (400 a 500 m, no mínimo) e que seu substrato era sobremaneira irregular, provavelmente devido à ação de uma tectônica quebrável moderna, de caráter marcadamente residual.

Do ponto de vista da pesquisa petrolífera, como já se podia prever, houve uma grande frustração. Na ótica dos conhecimentos científicos, porém, ocorreu um inusitado enriquecimento de informações. Já se sabia que a bacia sedimentar da região era pleistocênica, já que tudo indicava ser ela o resultado de uma tectônica residual pós-pediplano cuiabana, ou seja, pós-pliocênica. Mas, evidentemente, havia que se verificar; com isso, foi a ciência quem ganhou.

Numa primeira fase, a Petrobrás realizou oito perfurações, numa rede que beneficiava o conhecimento da coluna sedimentária pleistocênica, à entrada, ao centro, e à saída dos pantanais. Em Cáceres, a Noroeste do Pantanal, a espessura encontrada foi de 32 m. Em Porto São José, outra sondagem alcançou 302,4 m, sem atingir o embasamento. À saída da bacia, presumivelmente em um setor de soleira, a espessura total da sedimentação quaternária não excede 13,5 m. Os resultados obtidos pelas onze perfurações feitas pela Petrobrás, em duas fases de trabalhos, já foram corretamente analisados pelos geólogos do Projeto Radambrasil, no volume 27 dos *Levantamentos de Recursos Naturais*, correspondentes à Folha de Corumbá SE.21 e Parte da Folha SE.20. Pouca coisa pode ser acrescentada àquilo que foi escrito por Del'Arco e sua equipe (1982, p. 111):

> A espessura da Formação Pantanal é variável, em função da irregularidade de seu substrato, e não pode ser precisada, pois acha-se em processo de desenvolvimento, com acumulação de sedimentos até hoje. Weyler (1962), em pesquisa realizada pela Petrobrás, apresentou os resultados de oito perfurações executadas na região pantaneira, que objetivaram o conhecimento da espessura e natureza dos sedimentos quaternários que lá ocorrem, bem como a constatação de sedimentos mais antigos, com a presença de hidrocarbonetos. Diversas dificuldades foram encontradas, tanto de ordem mecânica como, e sobretudo, pelos desmoronamentos constantes, em face da friabilidade dos sedimentos. Na porção interna da depressão não foi atingido o embasamento da sequência quaternária e a maior seção perfurada foi de 302,4 m. Em uma segunda fase de investigações, naquela região, a Petrobrás executou mais três perfurações (Weyler, 1964) e a máxima profundidade atingida foi de 412,5 m, em seção incompleta.

O cotejo das diferentes profundidades obtidas pelas sondagens da Petrobrás (primeira série) revela o perfil aproximado do embasamento da bacia, em um eixo Norte-Sul: a Oeste de Cáceres, próximo a Caiçaras (86,6 m); no Porto da Fazenda Piúva, margem esquerda do Paraguai (88 m); na sede da Fazenda São João, margem direita do Cuiabá (198 m); no Porto São José, margem direita do rio Cuiabá (302,4 m); Porto da Fazenda São Miguel, margem esquerda do rio Taquari (217 m); Retiro do Aguapé, Fazenda Firme, Nhecolândia (182 m); Porto Santa Rosa, confluência Paraguai-Aquidabã (62 m); e sítio de Porto Murtinho, margem esquerda do rio Paraguai (37 m).

Esse conjunto de sondagens teve início, aproximadamente, na latitude de 16° e terminou na latitude de 21°41'54", envolvendo intervalos de meio a um grau. Na segunda fase das sondagens da Petrobrás, foram detectadas outras tantas irregularidades nas espessuras do pacote sedimentar da bacia do Pantanal: na Fazenda Piquiri a perfuração cruzou 320 m de sedimentos modernos, sem encontrar o embasamento; e, na Fazenda São Bento, foram atravessados 420 m de detritos acumulados, sem encontrar o embasamento. A ESE de Corumbá, a apenas 15 km do sítio da cidade, o substrato foi encontrado a 130 m de profundidade; enquanto na Fazenda São Sebastião, o embasamento pré-cambriano foi detectado a 227 m em relação ao nível da planície. Estando o nível geral dos "pantanais" situado entre 90 e 110 m, na área dessas perfurações, é de se concluir que o embasamento encontra-se rebaixado de, no mínimo, 100 a 310 m em relação ao nível atual dos mares. Mesmo quando o nível do mar, durante certo momento do Pleistoceno, esteve a -100 m do que atualmente, o substrato das formações pré-cambrianas que serviam de assoalho para a bacia do Pantanal apresentava níveis de 100 a 300 m abaixo do nível do mar daquela época. É de se supor, ainda, que, nesse momento de nível de mar baixo, os setores de soleiras tectônicas, à saída do Pantanal (Fecho dos Morros), deveriam estar expostos ou semiexpostos, dificultando sobremaneira o escoamento do antigo Paraguai para Sul-Sudoeste, na direção das terras paraguaias e argentinas.

Os levantamentos aeromagnetométricos de eixo Norte-Sul (Cuiabá-Aquidauana) e Leste-Oeste (Coxim-Corumbá), executados para o DNPM, somente fizeram comprovar a espessura e a conformação indicada anteriormente pela rede de sondagens pelas diferentes campanhas de sondagens. A cartografia geológica do *Mapa Tectônico do Brasil* (Ferreira *et alii*, 1971) incorporou os conhecimentos até então existentes, através de um conjunto de isópacas, em que as linhas mais profundas tangenciam o nível dos 500 m. Ficou bem claro, através de todos os conhecimentos acumulados, que a soleira terminal da bacia situava-se no extremo Sudoeste, *grosso modo*, à altura de Porto Murtinho–Fecho dos Morros. Este ato conduziu M. M. Penteado Orellana (1979) a uma correta interpretação de que "a área esteve alagada algumas vezes em consequência de reativação de falhas contrárias ao escoamento regional, criando soleiras locais". E, segundo ela própria, o afundamento regional comportou um ritmo irregular de subsidência. Dois fatos altamente relevantes.

Tecendo considerações sobre a geomorfogênese da bacia de São Paulo (1957), anotamos dois conjuntos de fatos que interessam ao esclarecimento das condições da gênese do Pantanal Mato-Grossense: 1) o fato de a água ter estado sempre "presente no acamamento dos depósitos regionais, quer na forma de lagos rasos, de maior ou menor duração, quer na forma de planícies fluviolacustres temporárias, topográfica e hidrologicamente um tanto similares às que hoje podem ser vistas na área do Pantanal Mato-Grossense" (Ab'Sáber, 1957, p. 223); 2) atribuíamos à gênese da bacia um caráter tectônico dominado por um sistema de falhas geomorfologicamente contrárias – utilizando uma feliz expressão de Francis Ruellan –, num esquema regional em que afundamentos a montante de uma área de soleiras tectônicas ativas teriam sido tamponados por depósitos mais contínuos, de posição intermediária, e, finalmente, recobertos de modo mais extensivo por uma sequência de estratos superiores, de maior extensão e generalidade espacial (Ab'Sáber, 1957, p. 309). No caso de São Paulo, grandes massas de regolitos existentes nas serranias que envolviam a pequena bacia tectônica regional teriam sido removidas por processos erosivos mais agressivos e depositados em ambiente lacustre raso e fluviolacustre eventual, durante o Plioceno Superior.

Mais tarde, chegamos à conclusão de que "as bacias detríticas, situadas em áreas intertropicais – e dotadas de massas de argilas cauliníticas, areias, siltes e cascalhos –, representam sítios preferenciais de retenção parcial dos produtos de intemperismo químico, removidos de regolitos preexistentes, através de processos 'agressivos' de erosão regional (períodos de resistasia, para usar a terminologia proposta por Erhart)". E, ainda, que "a progressão da pedimentação sobre massas de rochas desigualmente decompostas, aliadas a frequentes retomadas de correnteza fluvial de rios de drenagem anastomosada, pode explicar razoavelmente o descarnamento pronunciado de uma paisagem tropical úmida, mamelonizada e florestada, de elaboração anterior" (Ab'Sáber, 1968, p. 191).

Num ensaio mais detalhado, sob o título de *Bases Geomorfológicas para o Estudo do Quaternário do Estado de São Paulo*, dedicamos uma atenção especial ao ambiente deposicional da bacia de São Paulo. Entre considerações de diversas ordens, fixamos os seguintes fatos:

– A bacia de São Paulo é o resultado da deposição de materiais, dominantemente finos, em uma depressão tectônica contrária à direção da drenagem prévia da região. Nessa depressão oriunda de soleiras tectônicas ativas houve uma geografia de lagoas de águas pouco profundas e de conformações muito

Foto 3 – Estirões do rio Paraguai, com diques marginais e florestas galerias ("cordilheiras"), passando a lagoas de barragem fluvial de diferentes tipos genéticos, e grandes banhados rasos designados regionalmente por "pantanais" (Foto: Ab'Sáber, maio de 1953).

variáveis. Não se trata de maneira alguma de um caso simples e esquemático de *flood plains*, mas sim de uma coalescência preferencial de corridas de lamas para depressões lacustres rasas e anastomosadas. Nem mesmo o esquema excepcional de um quadro geográfico igual ao do atual Pantanal Mato-Grossense seria capaz de sugerir o quadro paleogeográfico que presidiu a deposição das argilas, siltes e areias finas da bacia de São Paulo.

– A presença de areias basais parece indicar um caráter predominantemente fluvial para os primeiros episódios da sedimentação na bacia [...] O espessamento gradual e lento de tais depósitos se fez enquanto perdurou o processo de barragem tectônica dos cursos de água [...] Aumentando o ritmo da subsidência tectônica, passaram a predominar sedimentos argilosos, tipicamente lacustres rasos (Moraes Rego e Sousa Santos, 1938; Leinz e Carvalho, 1957). Entrementes, o processo viria a terminar com uma fase de alternância de sedimentação lacustre e fluvial [...] Terrenos firmes interlacustres rasos, eventualmente submersos pela atuação da subsidência tectônica, devem ter existido em inumeráveis momentos da história fisiográfica e sedimentária da bacia de São Paulo. Não há sinais de diques marginais nem de meandração em qualquer setor da porção central da bacia. Em contrapartida, há exemplos de fácies deltaicas (Alto da Lapa–Alto de Pinheiros–Espigão Central) e de dejeções terminais detríticas e corridas de lama – de margem de planície lacustre – nas atuais colinas que precedem a Serra da Cantareira (1968, pp. 101-102).

Enquanto a bacia de São Paulo alcançou no máximo uns três mil km² de extensão, em um compartimento topográfico muito próximo das cabeceiras do Tietê e quase que inteiramente envolvido por serranias cristalinas, a bacia do Pantanal, que é muito mais recente, abrangeu o centro de uma legítima *boutonnière*, numa área de extensão aproximada da ordem de 120 mil km². Durante sua formação, entretanto, a bacia do Pantanal comportou fases de climas agressivos responsáveis pelo derruimento de paisagens tropicais úmidas de planaltos sobrelevados e pedestais de terrenos cristalinos e metamórficos expostos. Teve sua origem nitidamente relacionada à intervenção de um sistema de falhas geomorfologicamente contrárias, pós-pediplano cuiabano. A neotectônica deu origem a um verdadeiro *graben*, pela ruptura tectônica dos remanescentes regionais da superfície interplanáltica de Cuiabá e suas extensões. O assoalho tectonizado da bacia é o resultado de uma somatória de pequenas e médias deslocações, geomorfologicamente contrárias ao mergulho da antiga rampa do pediplano neogênico e sua consequente drenagem. Existe nesse embasamento, sujeito a uma neotectônica pleistocênica, toda uma "família" regional de falhas conformadoras de um novo *graben*, de centro de uma *boutonnière*; não se podendo falar em um sistema de *horsts/grabens* para o assoalho da bacia, como inadequadamente se pretendeu identificar.

Dos escassos conhecimentos sobre a coluna sedimentar da bacia do Pantanal, pode-se apenas afiançar umas tantas conclusões: 1) os sedimentos basais, correspondentes ao início da tectonização, são mais grosseiros; 2) variações climáticas na direção dos climas secos propiciaram fases agressivas de erosão nos planaltos circundantes, com remoção de solos elaborados em fases úmidas ou subúmidas; 3) o espessamento da sedimentação foi determinado pela associação entre a agressividade dos processos erosivos nas chapadas circundantes e o gradual afundamento do substrato da bacia; 4) o ambiente de deposição foi predominantemente fluvial, através de leques aluviais e drenagens anastomosadas, complementados por agrupamentos de lagos nos setores de afundamento diferencial da bacia; 5) o conjunto fisiográfico regional foi, por diversas vezes, filiado à tipologia dos *bolsones* semiáridos intermontanos ou interplanálticos, subtropicais, altamente sasonários, e predominantemente exorréicos; 6) duvida-se da existência eventual de fases de endorreísmo pronunciado, já que não existem grandes lentes de sedimentos lacustres, com segregação de fácies ou presença maciça de sal-gema ou calcários; 7) a certa altura do processo deposicional, dominantemente fluvial ou fluviolacustre, houve uma cessação da subsidência, que deu origem a uma certa fase de estabilidade relativa da superfície rasa de uma grande planície de inundação regional, tendo por consequência a formação de paleocangas de lateritas; 8) após essa fase de cangas – identificada em uma perfuração realizada na Fazenda Paraíso, e interpretada por Fernando de Almeida (1964) –, houve retomada da subsidência, com repetição aproximada dos ambientes de sedimentação anteriormente vigentes, até a formação dos gigantescos leques aluviais do Pleistoceno Terminal; 9) no decorrer do Holoceno, instalaram-se rios meândricos, de diferentes padrões e potência de formação de cinturões meândricos; alguns cursos superimpuseram-se ao eixo dos leques aluviais, desventrando-os (Taquari, sobretudo); os bordos dos cones de dejectos foram retrabalhados por drenagens norte-sul e por anastomoses terminais dos canais divergentes herdados da própria fase terminal dos grandes leques; houve grande liberação de areias finas e médias, forçando anastomoses de padrão especial nas terminações dos velhos leques, enquanto drenagens meândricas do rio Paraguai inscreveram-se no corredor apertado, entre os leques aluviais detríticos provenientes do leste e as serranias fronteiriças de bordos irregulares; 10) por entre os leques aluviais estabeleceram-se os novos cursos de água, afluentes ocidentais do rio Paraguai, na medida em que o clima regional ganhou espaços quentes e úmidos, com predomínio de precipitações entre 850 e 1.000 mm dentro da depressão pantaneira, de Oeste para Leste; e altos níveis de precipitações nas cabeceiras de drenagem, ao Norte, Nordeste, Leste, Sudeste e Sul da imensa *boutonnière* regional. Massas de vegetação inter e subtropicais – do domínio dos cerrados, do Chaco e da periferia da Amazônia – disputaram competitivamente os espaços anteriormente dominados por padrões de vegetação filiados à macroexpansão dos climas secos (Ab'Sáber, 1977), no momento mesmo em que se multiplicaram os tipos e padrões de *habitats* animais, que enriquecem extraordinariamente a diversidade biológica do Pantanal Mato-Grossense.

O macroleque aluvial do Taquari foi desventrado pelo atual rio Taquari, que se tornou gradualmente de padrão meândrico, embutido no eixo central do cone de dejeção anteriormente formado. Canais anastomosados das margens do grande leque, sobretudo os do Sul (Nhecolândia), passaram também a um sistema contido de meandração, devido à presença de grandes massas de materiais clásticos grosseiros. Essa micromeandração dos pequenos canais divergentes, que constituíam a drenagem do leque aluvial, comportou uma fase de forte migração dos cinturões meândricos, fato que muitas vezes colocou margens cônca-

Foto 4 – *Paisagem da aba sul do grande leque aluvial do Taquari, predominantemente arenoso, da Nhecolândia. Mosaico de campos cerrados e résteas de galerias florestais, compostas de cerradões (e, localmente, florestas tropicais decíduas, nos diques marginais do rio Negro). Região de paleocanais retrabalhados, designados popularmente por vazantes, e área de lagoas circulares ou semicirculares de terceira ordem de grandeza, com água doce e/ou água salobra (Foto: Ab'Sáber, maio de 1953).*

vas em situações *vis-à-vis*, dando oportunidade para formar lagoas de diferentes níveis de permanência, de conformação circular, elíptica ou semioitavada. Águas lacustres provenientes de cursos curtos, autóctones do leque aluvial, têm condições hidrogeoquímicas especiais. Lagos interligados, nas cheias, a corixos ou canais meândricos descontínuos têm um tipo de natureza química; lagos totalmente isolados, em superfície, dependem das variações dos lençóis de água subsuperficiais, controlados pela sasonalidade climática e hídrica, podendo funcionar como minibacias endorreicas, concentrando sais. Os rios alóctones em relação ao Pantanal têm outra composição hidrogeoquímica, refletindo condições imperantes no domínio dos cerrados, somadas às condições próprias dos terrenos pantaneiros.

Existe uma série de derivadas práticas decorrentes desse tipo de conhecimento: os rios que chegam ao Pantanal, provenientes dos planaltos e escarpas circundantes, são os que mais trazem cargas poluidoras, devido ao seu trânsito por áreas agrícolas em expansão (que liberam caldas de agrotóxicos e fertilizantes) durante a estação das águas. São eles próprios que, em áreas adjacentes aos pantanais, recebem produtos mercuriais injetados nas suas águas a partir de zonas de garimpagem. Por último, são também eles que acentuam uma poluição sedimentária, devido aos processos erosivos, mais ou menos frequentes e setorialmente agressivos, em processo nos planaltos sedimentários regionais. Causa grande preocupação, por último, a questão da tendência para concentração das águas, provenientes dos quadrantes ocidentais, nas vizinhanças das serranias fronteiriças, com deslocação marcada do eixo Norte-Sul do rio Paraguai para essa área ocidental da grande depressão aluvial. Devido à dificuldade de escoamento, reconhecida por todos os pesquisadores da hidrologia regional, é certo que um processo cumulativo de poluição hídrica vai afetar sobremaneira as águas das grandes planícies submersíveis existentes nessa porção centro-ocidental da região pantaneira. Um maior controle das condições das águas que entram no Pantanal Mato-Grossense, a partir das passagens obsequentes dos rios nascidos nos planaltos, parece ser uma medida inadiável, para garantir uma maior integridade física, hidrogeoquímica e geoecológica para a diversidade biológica dos "pantanais".

Dos Leques Aluviais Pleistocênicos às Planícies Submersíveis Recentes

A fase dos grandes leques aluviais arenosos, desenvolvidos na depressão pantaneira durante o Pleistoceno Terminal, foi essencial para a configuração fisiográfica atual do Pantanal Mato-Grossense. O fato de um leque aluvial ser um corpo sedimentário ligeiramente convexo implica que, nos interstícios de diversos leques, restem depressões intersticiais, nas quais, durante a fase final da atividade daqueles aparelhos naturais de deposição detrítica, ocorrem planícies aluviais meândricas nas faixas situadas entre eles. Para tanto, evidentemente, é necessária a intervenção de mudanças climáticas e hidrológicas capazes de mudar os sistemas de aluviação. No caso particular do Pantanal Mato-Grossense, a mudança climática comportou uma radical modificação climato-hidrológica, de condições subtropicais semi-áridas para condições tropicais úmidas a duas estações diferenciadas de precipitações. No momento da formação dos leques aluviais, os rios transportavam, em determinadas épocas do ano, grandes massas de areias, obrigando a um esparramamento em leque ao encontrar a rasa bacia detrítica do Pantanal. Ao fecho da sedimentação, por intermédio dos leques aluviais, estabeleceram-se faixas de sedimentação aluvial meândrica, relacionadas ao grande aporte de sedimentos finos, trazidos, agora, pelos mesmos rios que criaram anteriormente os leques aluviais. As novas planícies de inundação permaneceram como que encarceradas nos desvãos existentes entre os bordos laterais dos leques aluviais. A umidificação climática pós-pleistocênica mudou a tipologia dos materiais transportados – comportando materiais gradualmente mais finos –, porém não teve força para cancelar a participação do material detrítico já depositado, que passou a ser retrabalhado pelos novos aparelhos fluviais, pós-leques aluviais. Grandes massas dessas areias, herdadas da fase climática anterior, passaram, nos últimos milênios, a acumular-se em diques marginais das planícies meândricas. Por uma série de aproximações, envolvendo conhecimentos paleoclimáticos gerais e regionais, pode-se admitir que os leques aluviais foram elaborados entre 23 e 13 mil anos antes do presente. Enquanto as planícies meândricas e os grandes banhados, designados regionalmente por "pantanais", certamente se desenvolveram nos últimos doze ou treze mil anos, os principais contornos e ecossistemas – aquáticos, subaquáticos e terrestres – do Pantanal Mato-Grossense teriam sido elaborados nos últimos cinco ou seis milênios. Independentemente de velhas heranças, como se verá.

Até o advento de levantamentos aerofotográficos extensivos para a região e, sobretudo, até a chegada das imagens de sensores remotos, os conhecimentos acumulados sobre o Pantanal Mato-Grossense se limitavam a uma terminologia fisiográfica popular e a uma identificação aproximada das principais áreas de grandes banhados ("pantanais"). Não havia condições para se compreender o mosaico total dos componentes físicos e geoecológicos da grande depressão regional, e muito menos para se realizar estudos sistemáticos sobre a estrutura e a funcionalidade de seus ecossistemas. Para uma área imensa, de mais de 100 mil km^2, o que se sabia era fruto de observações pontuais e empíricas, numa grande mistura entre conceitos genéricos regionais e uma nomenclatura científica de caráter apenas tentativo. O Pantanal era a mais complexa planície aluvial intertropical do planeta e, talvez, em termos de uma correta geomorfologia aluvial, a área menos conhecida do mundo.

Mesmo assim, foram feitas observações pioneiras dignas de registro sobre alguns fatos fisiográficos regionais. Herbert Wilhelmy – que participou de uma das excursões do Congresso Internacional de Geografia (Rio de Janeiro, 1956), sob a direção de Fernando de Almeida, grande conhecedor da geologia e geomorfologia de Mato Grosso – fez obser-

Foto 5 – Paisagem das lagoas de terceira ordem de grandeza – as chamadas "baías" por extensão – ocorrentes na área de planícies submersíveis coalescentes dos rios Negro e Miranda, a Sudeste da depressão pantaneira. No máximo de retração das águas na grande planície regional, os corpos d'água semi-isolados adquirem uma conformação circular, semicircular ou elíptica irregular (Foto: Ab'Sáber, maio de 1953).

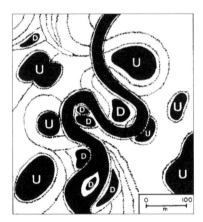

Figura 1 – Tipologia de lagos pantaneiros proposta por Herbert Wilhelmy (1958): lagos de lóbulos internos de meandros (U); lagos entre diques marginais imbricados (D). U: Umlaufseen; D: Dammuferseen; (Zeitschrift für Geomorphologie, 1958, II, pp. 27-54.)

vações perspicazes sobre a gênese das lagoas circulares do Pantanal, de grande validade até hoje. Wilhelmy (1958) reconheceu, nas áreas que visitou, uma distinção entre tipos de lagos de barragem fluvial: lagos oriundos da inundação de lóbulos internos de meandros *(umlaufseen)* e lagos encarcerados por diques marginais *(dammuferseen)*. Reconheceu, também, que, em muitos casos, os lagos circulares gerados em áreas de trançamento de cinturões meândricos podiam ter águas doces ou águas salobras, dependendo de essas serem visitadas ou não, em superfície, pela penetração das águas de inundação. Pela primeira vez, foi feita uma observação sobre o excepcional caráter endorreico local, das lagoas salinas e barreiros salobros, sujeitos a concentrações de cloretos de sódio e magnésio. Tratava-se de sítios muito importantes para a alimentação complementar do gado, sobretudo no passado da pecuária extensiva praticada na região, conforme informes que vêm desde Taunay até José Veríssimo da Costa Pereira (1944).

Desde as observações pioneiras de Herbert Wilhelmy até o advento das imagens de sensoriamento por satélites, podia-se reconhecer uma certa tipologia de lagos no interior da grande planície regional, a saber: lagos de lóbulos internos de meandros, lagos barrados por diques marginais, lagos em ferradura *(oxbow lakes)* e lagos-baías ocupando reentrâncias de serranias. A expressão *baía*, de origem marcadamente popular e altamente simbólica, perdia um pouco de sua especificidade, pelo fato de ser utilizada indiferentemente para designar verdadeiros embaiamentos nos bordos das serranias fronteiriças, como, também, numerosas lagoas circulares isoladas ou semi-isoladas no meio das planícies pantaneiras centro-ocidentais (lagos do pantanal de Paiaguás; lagoas da Nhecolândia). Sem prejuízo dessa primeira tentativa de tipologia, as imagens de satélites forneceram material para ampliá-la substancialmente, sobretudo no que diz respeito aos agrupamentos regionais de lagos, observáveis em setores distintos do Pantanal Mato--Grossense, além de tornar possível um adequado ajuste da terminologia popular com a terminologia científica.

Em uma primeira identificação da ordem de grandeza dos lagos de barragem fluvial do Pantanal Mato-Grossense, podem-se mencionar três agrupamentos regionais de corpos d'água, que equivalem a três ordens de grandeza: os lagos das grandes "baías" encostados às morrarias fronteiras e/ou a duplas pontas de morros (Chacororé); os lagos de tamanho médio do pantanal dos Paiaguás (sobretudo no ângulo interno da confluência do rio Paraguai e São Lourenço); e a multidão de pequenas lagoas circulares, temporárias ou relativamente permanentes, que ocorre na Nhecolândia, aba Sul do leque aluvial do Taquari. Eventualmente, em alguns setores localizados, há a recorrência de um ou outro tipo de lagos, pertencentes a esses três agrupamentos padrões.

Os Conhecimentos Obtidos por Imagens de Satélites do Pantanal Mato-Grossense: Comentários

Ainda está por se fazer uma verdadeira avaliação do papel desempenhado pelo sensoriamento remoto na renovação dos conhecimentos fisiográficos, ecológicos e geo-hidrológicos do Pantanal Mato-Grossense. Na realidade, as imagens de satélites tiveram a função de "radiografias" múltiplas, sobre o conjunto e os detalhes do espaço, físico e ecológico, da grande planície regional. Mas, antes delas, as imagens de radar do Projeto Radambrasil tornaram possíveis observações pertinentes sobre a compartimentação geomorfológica da Depressão do Alto Paraguai, incluindo todo o seu entorno e as planícies pantaneiras. Uma análise dos principais avanços do conhecimento geomorfológico, vinculado ao uso de imagens de sensores, permite fixar ideias e completar observações.

Uma primeira constatação altamente significativa, obtida a partir de imagens de radar, diz respeito à extensão total das áreas de aplainamentos referenciáveis ao pediplano cuiabano. Foram descobertas extensões da pediplanação ao longo da bacia do Guaporé, do Alto Paraguai e área do Paranatinga, além daquela referente à área-tipo de Cuiabá, a depressão do Guaporé, estudada por Kux, Brasil e Franco (1979), e as vinculações existentes entre elas todas no extremo norte da Depressão do Alto Paraguai, através das observações de Ross e Santos (1982). Foi estabelecido, sobretudo, que a Depressão do Guaporé "é o elo entre as depressões voltadas para a bacia platina e as depressões do sul da Amazônia" (Ross e Santos, 1982, p. 232).

Outra revelação das imagens de radar, digna de registro, diz respeito aos setores em que a superfície cuiabana antiga – exatamente a mais geral e altimetricamente mais elevada (250-300 m) – possui uma cobertura detrítico-concrecionária, que remonta ao tempo do fecho do grande aplainamento interplanáltico regional. Um fragmento das imagens de radar, reproduzido por Ross e Santos (1982, p. 234) – representando a depressão denudacional cuiabana a leste, sudeste e sul das serranias das Araras e Água Limpa –, permite verificar os setores da superfície cuiabana preservados pela cobertura detrítico-concrecionária, em relação aqueles outros, em que já houve decapagem da cobertura e reexposição das direções estruturais do embasamento (Grupo Cuiabá). É nessa porção do território, onde houve remoção da velha cobertura – redissecações e reentalhes de novas superfícies, de extensão parcial –, que se reconhece a existência da superfície cuiabana moderna, fato não percebido na época da publicação do trabalho. Consideramos o fragmento de imagem de radar, reproduzido no volume 26 do Projeto Radambrasil, como um documento único, em termos de possibilitar a distinção entre a superfície cuiabana antiga (pediplano cuiabano I) e a superfície cuiabana moderna (pediplano cuiabano II). Abaixo deles, mais para o Sul, existem apenas terraços de pedimentação e terraços fluviais, embutidos nos desvãos do pediplano cuiabano II; e, mais além, a grande depressão detrítico-aluvial do Pantanal Mato-Grossense. A cidade de Cuiabá abrange, atualmente, pelo seu crescimento espacial recente, todos os níveis existentes entre a Chapada dos Guimarães e a serra das Araras–Água Limpa, desde a planície fluvial do rio Cuiabá até a superfície cuiabana antiga.

A mais importante descoberta recente sobre o mosaico de formações aluviais quaternárias da grande depressão pantaneira – interessando diretamente ao entendimento da posição relativa e funcionamento das diversas sub-bacias hidrográficas que se estendem pelo seu espaço fisiográfico total – foi a percepção da existência do grande leque aluvial do Taquari. Observações pontuais jamais teriam revelado esta unidade geomórfica de grande extensão no interior das planícies pantaneiras. Para uma área total de 125 mil km^2, o macroleque aluvial do Taquari – como vem sendo designado – ocupa um espaço próprio, da ordem de 50 mil km^2. Isso significa dizer uma área da ordem de 1/3 da bacia de Paris, ou 1/5 do Estado de São Paulo, ou, ainda, quinze vezes a bacia de Taubaté (SP). O primeiro estudo específico sobre esse gigantesco cone aluvial, predominantemente arenoso, que se espraiou em gigantesco leque sobre a depressão pantaneira, deveu-se a E. H. G. Braun (1977). O autor, além de caracterizar a importância do macroleque aluvial associado ao páleo-Taquari, estabeleceu os primeiros parâmetros de sua gênese, com base em condições paleoclimáticas e páleo-hidrográficas do Pleistoceno na depressão pantaneira. Gross Braun (CIBPU, 1971), à custa de fotografias aéreas obtidas em coberturas parciais, já havia desenvolvido pesquisas e trabalhos de mapeamento na bacia do Alto Paraguai. Em seu mapa geomorfológico da bacia do Alto Paraguai (Parcial), na escala 1:2.000.000, identificou, a Oeste de Cáceres, entre os rios Jauru e Cabaçal, uma planície aluvial arenosa antiga, e separou – das planícies aluviais e fluviolacustres – os setores terminais daquilo que mais tarde seria identificado como o cone do Taquari, registrando-a como "planície aluvial arenosa sub-recente". Caberia a ele próprio, mais tarde, perceber o corpo total do paleocone de dejeção do Taquari, submetendo-o a uma análise e interpretação geomorfológica e hidrogeomorfológica muito adequada e objetiva. Nessa oportunidade, Braun (1977) conseguiu identificar, no espaço fisiográfico e hidrogeomorfológico daquele excepcional leque aluvial, sete faixas ou setores diferenciados de feições geomórficas, ao mesmo tempo que assentava bases para considerá-lo como uma feição herdada do Pleistoceno Terminal. Mesmo depois que surgiram as primeiras imagens de satélites sobre a região, pouca coisa de essencial pode ser acrescentada às observações pioneiras do autor. Franco e Pinheiro (1982) souberam valorizar a ordem de grandeza e o significado nuclear do grande cone aluvial do Taquari para o entendimento do Pantanal Mato-Grossense, ao dizer:

> A grande expressividade espacial dos espraiamentos aluviais do rio Taquari permitiu considerá-lo como um macroleque aluvial, termo que bem define sua gênese [...] O gigantesco leque aluvial, com eixo em torno de 250 km de comprimento e uma área de 50.000 km², situa-se em frente às escarpas ocidentais das serras de Maracaju [sic], do Pantanal e de São Jerônimo. É balizado a norte e noroeste pelos rios Piqueri ou Itiquira e Cuiabá, a oeste pelo rio Paraguai e a sudoeste e sul pelos rios Abobral e Negro [...] O macroleque aluvial engloba grande parte do tradicional Pantanal do Paiaguás (a Norte) e quase a totalidade do Pantanal da Nhecolândia (a Sul).

O fato de existirem outros leques aluviais similares, de ordem de grandeza espacial muito menor, permite considerar um sistema regional de leques aluviais do Pleistoceno Superior, que deixaram entre si algumas linhas de fragilidade erosiva, suficientes para que as novas bacias – posteriores ao fecho da sedimentação dos leques imbricados – pudessem se instalar e se ampliar. A drenagem do Itiquira-Piqueri copiou o bordo norte do grande leque aluvial do Taquari, na faixa de contato entre ele e o leque aluvial de nordeste (São Lourenço). Já o rio Negro copiou quase que inteiramente o bordo sul e sudeste do macroleque do Taquari, ampliando sua faixa de inundação e formação de "pantanais" até à borda do leque aluvial de sudeste (Aquidauana), onde, por seu lado, instalou-se o curso do rio Aquidauana-Taboco, formando um traçado em arco, oposto ao do rio Negro. Ambos são rios perileques aluviais e, como tal, cursos de água gêmeos – no caso particular, interligados por braços que auxiliam a redistribuição das águas de cheias, transformando seus banhados em uma só e imensa planície submersível: os "pantanais" do rio Negro-Aquidauana. De modo quase idêntico, o antigo leque aluvial do Jauru-Paraguai, no extremo noroeste da depressão pantaneira, obrigou a drenagem do rio Paraguai a derivar para a faixa de contato entre as serranias de Cáceres e a margem leste do leque aluvial preexistente na região, enquanto a drenagem superimposta ao leque, constituída por cursos designados vazantes, apresenta uma disposição divergente, copiando a estrutura do corpo do antigo leque aluvial, numa miniatura do que ocorre com as numerosas vazantes do macroleque aluvial do Taquari. As águas do paleoleque aluvial do Jauru-Paraguai estendem-se até os "pantanais" da margem esquerda do rio de las Petas, pró-parte provindo da Bolívia, o qual, para jusante, na linha de fronteiras, responde pela formação de uma série de grandes lagoas (Órion ou Providência, Uberaba e Guaíba). A persistência da influência dessas estruturas deposicionais, herdadas do Pleistoceno Superior é tão grande, que o próprio rio Paraguai forma uma espécie de arco, envolvendo, à distância, a borda sul do antigo leque e aproximando-se das lagoas Uberaba e Guaíba, onde se localiza o complexo setor fluviolacustre do qual o rio de las Petas é tributário. O mais espetacular exemplo do papel condicionante dos leques aluviais para os atuais percursos dos rios desenvolvidos nos tempos holocênicos é a forte ação de deriva e de estreitamento de passagem que as dejeções terminais do leque do Taquari ocasionaram para o rio Paraguai e suas planícies de inundação, desde a região de Amolar e Morro do Campos até Corumbá e a área da Balsa (rodovia MS-228). Trata-se de notáveis casos de estruturas sub-recentes, na disposição das drenagens atuais, em planícies de grande largura.

A classificação dos geomorfologistas que redigiram os diferentes capítulos dos relatórios referentes às Folhas de Corumbá e Cuiabá (Franco e Pinheiro, 1982; Ross e Santos, 1982), por meio da qual se intentou diferenciar faixas e setores aluviais e fluviolacustres do Pantanal Mato-Grossense, apresenta inovações dignas de registro e comentários. Para um mapeamento geomorfológico, na escala de 1:1.000.000, utilizou-se uma série de critérios de geomorfologia aluvial, combinados com outros tantos parâmetros de hidrogeomorfologia, fatos que tornaram possível uma cartografia bem-sucedida e de forte potencial de aplicabilidade. No 27º Congresso Brasileiro de Geologia (Aracaju, 1973), o saudoso geomorfologista Getúlio Vargas Barbosa nos deu conta dos critérios utilizados pelo Projeto Radambrasil para a elaboração das cartas referentes à Geomorfologia, naquele importante esforço brasileiro de cartografia temática, até hoje não ultrapassado. Dez anos depois, Barbosa e seus principais colegas de trabalho publicaram uma memória sobre a "Evolução da Metodologia para Mapeamento Geomorfológico do Projeto Radambrasil", na qual se mostrava a busca de um referencial de padrões de imagens de radar, por meio de sucessivas fases de incorporação de experiências acumuladas.

As formas de acumulação na Folha de Cuiabá foram classificadas em sete categorias taxonômicas, das quais seis de utilização plena para

Foto 6 – Cotovelo do rio Paraguai, ao norte-nordeste de Corumbá, e paisagem das lagoas dos "pantanais" que envolvem e se interpenetram pelas morrarias regionais (serranias fronteiriças, da fronteira entre o Brasil e a Bolívia). Região das grandes baías na periferia dissecada das morrarias e maciços calcários; extremidade sul do agrupamento de lagoas de segunda ordem de grandeza (modelo de lagos do pantanal do Paiaguás) (Foto: Ab'Sáber, julho de 1953).

a elaboração daquele documento cartográfico, a saber: *Aai* – Áreas de acumulação inundáveis. Áreas aplanadas [*sic*] com ou sem cobertura arenosa, periódica ou permanentemente alagadas, precariamente incorporadas à rede de drenagem; *Aail* – Áreas de acumulação inundáveis com alagamento fraco; *Apf* – Planície fluvial. Área aplanada [*sic*], resultante de acumulação fluvial, periódica ou permanentemente alagada; *Aptf* – Planície e terraço fluvial. Área aplanada [*sic*], resultante de acumulação fluvial, geralmente sujeita a inundações periódicas, comportando meandros abandonados, eventualmente alagada, unida, com ou sem ruptura, a patamar mais elevado; *Apfl* – Planície fluviolacustre. Área plana resultante da combinação de processos de acumulação fluvial e lacustre, geralmente comportando canais anastomosados; *Atf* – Terraço fluvial. Patamar esculpido pelo rio com declive fraco voltado para o leito fluvial, com cobertura aluvial. Foi acrescentada, ainda, a unidade *Ad* – Dunas. Depósitos de origem continental remodelados por ventos, uma feição praticamente não interveniente na composição da carta. Quando da elaboração da Folha de Corumbá – que é essencial para a representação da Área nuclear do grande Pantanal Mato-Grossense – foram feitas pequenas correções

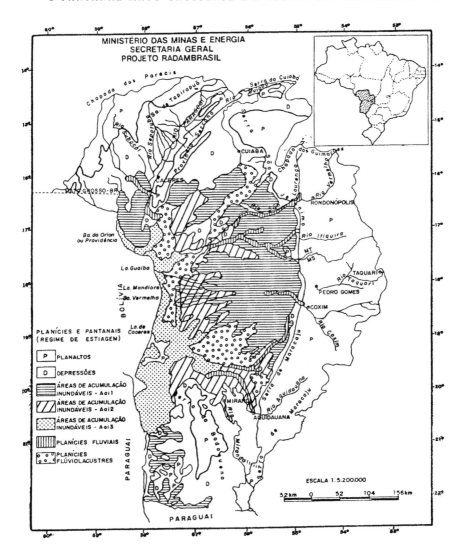

Figura 2 – Mapeamento dos setores submersíveis do Pantanal Mato-Grossense, num regime de estiagem, segundo pesquisas do Projeto Radambrasil e INPE (julho de 1977). Nesse espectro de estação menos chuvosa, as faixas aluviais meândricas ficam restritas aos corredores de contato entre os grandes leques aluviais pleistocênicos remanescentes.

de linguagem, e um acréscimo que consideramos altamente oportuno no que diz respeito ao grau de unidade e encharcamento existente em cada uma das grandes áreas de banhados. Na unidade *Aai*, designadas "áreas de acumulação inundáveis", foi feito um desdobramento nos

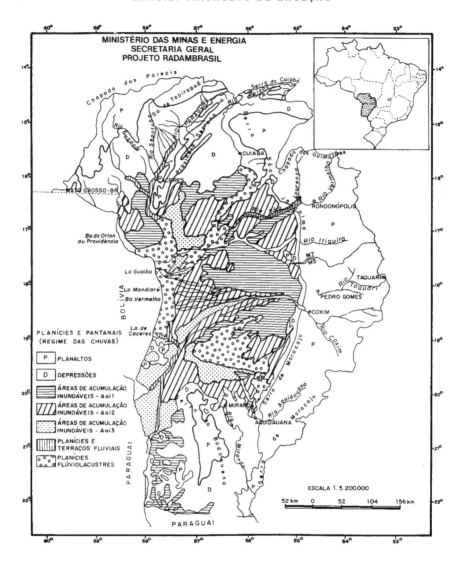

Figura 3 – Mapeamento dos setores submersíveis do Pantanal Mato-Grossense, num regime de chuvas, segundo pesquisas do Projeto Radambrasil (verão de 1984). Observe-se, sobretudo, a ampliação da submersibilidade no bordo Centro-Oeste e Centro-Noroeste do grande leque aluvial do Taquari. No detalhe, o espectro da estação chuvosa no mosaico terra-águas do Pantanal ainda é mais extraordinário e multidinâmico. No verão chuvoso, o paleocanal do rio Paraguai, na área do Nabileque, torna-se praticamente um segundo rio.

seguintes termos: "Áreas planas com cobertura arenosa, periódica ou permanentemente alagadas, precariamente incorporadas à rede de drenagem e classificadas, segundo o grau da umidade, em três categorias: *Aai 1* – pouco úmido; *Aai 2* – úmido; *Aai 3* – muito úmido. Tal iniciativa tornou possível uma primeira diferenciação cartográfica dos "pantanais", ou seja, grandes áreas de banhados, em relação ao tempo de permanência de lâminas de água de cheias e enchentes. Ao mesmo tempo, facilitou o entendimento da posição de diferentes "pantanais" no conjunto da grande depressão aluvial da região.

Ao analisar a distribuição dos grandes banhados, ficou clara uma que coincide com os setores de drenagem situados entre grandes leques aluviais, com eixos de crescimento diferentes, e/ou áreas de represamento entre os bordos terminais de antigos cones, atualmente retrabalhados e transformados em faixas de inundação, com níveis intermediários de encharcamento e permanência de águas. A faixa de "pantanais" – que se estende do Baixo Paraguaizinho até os cursos inferiores dos rios Sararé, Bento Gomes, Bento Lobo e Alegre, prolongando-se por um bolsão semi-isolado até o rio Caracará – representa uma borda de dejeções terminais de águas de inundação que copia a área externa das antigas dejeções terminais do leque aluvial do Bento Gomes-Cuiabá.

Por sua vez, os "pantanais" dos rios Negro e Aquidauana, no extremo sul, representam o caso de grandes banhados estendidos a partir de imbricações de leques aluviais (área intersticial do macroleque do Taquari com o leque aluvial múltiplo do extremo sudeste do Pantanal). Possivelmente a lagoa de Chacororé tenha tido sua origem parcialmente influenciada pelas imbricações dos leques aluviais de Bento Gomes--Cuiabá com a do São Lourenço, no entremeio das cristas baixas do Morro do Bocaiuva e Serra do Mimoso. Se verdadeira essa hipótese, nessa região de Barão de Melgaço teria acontecido um tríplice encarceramento de drenagens, responsável pela formação da única grande "baía" fora da região das serranias fronteiriças.

Entre as muitas outras decorrências do excelente nível dos mapeamentos geomorfológicos do projeto Radambrasil, situam-se as novas formas de interpretação dos agrupamentos de lagos de barragem fluvial, existentes em diferentes setores da imensa depressão pantaneira. Pode-se detectar, sem muito esforço, três agrupamentos de lagos no entremeio dos "pantanais". O primeiro conjunto diz respeito às grandes lagoas da faixa fronteiriça do Brasil e Bolívia, onde massas de água foram represadas nos sinuosos contornos das serranias e terras firmes da faixa de fronteira entre o Brasil e Paraguai. Pelo menos em um caso – o da Baía Vermelha – ocorreu o embutimento de uma lagoa no meio de um domo esvaziado (cristas circulares da serra do Bonfim). Essa concentração de águas lagunares nos sopés e reentrâncias de serranias merece uma discussão genética mais aprofundada. O segundo agrupamento de lagoas, de médio porte relativo, no interior do Pantanal, diz respeito ao setor em que o rio Paraguai se encosta na serra do Amolar, cruzando uma planície lacustre do passado e dando origem a numerosas lagoas semicirculares e elípticas. Apenas nas proximidades do atual cinturão meândrico próprio do rio Paraguai ocorrem lagoas em ferradura (*oxbow lakes*). O terceiro agrupamento tem como área-protótipo o Pantanal da Nhecolândia, no quadrante meridional do macroleque aluvial do Taquari, na área de solos predominantemente arenosos, onde ocorrem paleocanais entrelaçados, miríades de pequenas lagoas temporárias e alguns pequenos cursos d'água designados vazantes, que fluem para a margem direita do rio Negro. O termo popular "vazante" pode ser considerado como um conceito empírico guia: ele só é aplicado a pequenos cursos d'água, em geral divergentes, que se instalaram recentemente no dorso da velhos leques aluviais arenosos (tipo Taquari). Nas áreas mais deprimidas e permanentemente úmidas ("pantanais" verdadeiros), predomina a expressão "corixo" ou eventualmente, a expressão "corixão". É muito nítida a separação entre o subdomínio das vazantes e os subdomínios de corixos, no interior do Pantanal Mato-Grossense. Na Nhecolândia existe uma associação íntima entre paleocanais entrelaçados transformados em numerosas lagoas circulares, temporárias ou semipermanentes, e sinuosas résteas de vegetação arbórea ao longo de antigos e recentes diques marginais. Ligeiras elevações na planície arenosa, sublinhadas por corredores de vegetação florestal, recebem o nome popular de "cordilheiras", altamente simbólico. Existe recorrência desse padrão de pequenos lagos temporários ou semipermanentes em outras áreas de leques aluviais arenosos, onde também reaparece a expressão *vazante*, em sua acepção pantaneira. A percepção desses fatos tornou-se muito mais clara depois que se pôde utilizar imagens de satélites em diferentes canais e em falsa cor. Tomadas por satélites, em diferentes épocas climáticas do ano, puderam mostrar as repercussões hidrológicas da sazonalidade tropical.

Uma importante contribuição dos mapeamentos do Projeto Radambrasil foi a recuperação da toponímia regional da região pantaneira, fato que permitiu um cotejo entre a significação hidrogeomorfológica das feições fisiográficas e ecológicas regionais em relação a uma terminologia científica que comporta ideias sobre processos e distinções tipológicas.

Com o advento das imagens de satélites, tornou-se possível eliminar interpretações tão engenhosas quanto falsas e realizar análises mais objetivas. Uma das questões mais beneficiadas por esse novo tipo de documentos relacionados ao Pantanal Mato-Grossense foi a da gênese dos lagos de maior ordem de grandeza, existentes na margem das serranias fronteiriças. As imagens demonstraram que, no extremo noroeste do Pantanal, existe uma drenagem que faz uma espécie de circunvalação nas terras firmes bolivianas, tendo sua margem esquerda assimétrica tangente com a planície do rio Paraguai. Trata-se do rio de las Petas, que nasce na Serra da Bárbara, no extremo noroeste de Mato Grosso, cruzando depois um trecho do território boliviano, e vindo a correr em uma larga concavidade das terras firmes bolivianas, na linha exata de grandes mudanças fisiográficas existentes na fronteira da Bolívia com a depressão pantaneira de Mato Grosso (Brasil). Por sua vez, o rio Paraguai, proveniente de NNE, faz um longo arco para sudoeste e se aproxima das serranias fronteiriças descontínuas. E, por seu turno, a margem do grande leque Taquari, em sua porção centro--ocidental, forçou a dejeção, de suas aguadas divergentes, na reentrância em baioneta formada pelo bordo norte das morrarias do maciço de Corumbá (Urucum e Rabichão). As águas vertidas pelo antigo leque aluvial tendiam a ficar ensacadas nessa borda reentrante do maciço de Corumbá, na fronteira com a Bolívia. O páleo-Paraguai teve de copiar as sinuosidades orientais dos maciços fronteiriços na época em que as aguadas terminais do macroleque aluvial empurraram seu leito para Oeste. Com a mudança climática rápida do início do Holoceno, a massa de água jogada divergentemente para Oeste, ao Norte de Corumbá, deve ter aumentado consideravelmente durante um tempo em que houve uma perenização generalizada dos rios superimpostos aos leques aluviais pleistocênicos. Grandes massas de areias foram retrabalhadas e empurradas, em lâmina de pequena espessura, na direção das principais massas de água represadas sob a forma de extensas lagoas encostadas nas serranias. Houve afogamento parcial da embocadura de alguns pequenos cursos encaixados nas bordas das serranias e interpenetração de águas nos desvãos dos maciços. Até que o rio Paraguai, através de um traçado meândrico recente, mudou de curso, ficando à meia distância das serranias, enquanto as massas de água lagunares se desintegravam em lagoas semicirculares ou elípticas, alojadas em depressões de diversos tipos. As paleobaías, contendo lagos de extensão muito maiores do que os atuais, passaram a ser colmatadas por alguns de seus bordos, criando planícies lacustres. Entre as verdadeiras baías residuais, com seus lagos reduzidos em massa de água e profundidade, e o rio Paraguai, com seus neomeandros, restou um interespaço coalhado de lagoas semicirculares, de porte médio a pequeno.

Em muitos casos as serranias ficaram envolvidas descontinuamente por depressões lacustres. Tal quadro de numerosas lagoas e umas tantas lagunas, circundando irregularmente blocos montanhosos salientes, contribuiu para criar a ideia de que teria havido um episódio muito recente de reativação da tectônica residual, em pleno Holoceno, numa espécie de episódio terminal da tectônica quebrável que criou a própria bacia do Pantanal, no Pleistoceno. É possível, também, que a própria pressão lateral das águas provenientes das dejeções terminais do macromoleque aluvial tenha contribuído para projetar massas de águas nas reentrâncias das serranias do Oeste, dando origem a lagunas muito maiores do que as atuais. Isto é, sobretudo, verossímil se imaginarmos que o leque de águas provindo de leste se reunia aos fluxos de cursos de água provindos do norte e nordeste. Além disso, aconteceu um desusado período de crescimento dos volumes de águas, devido ao aumento das precipitações em nível de três a cinco vezes mais do que na época de formação dos grandes leques aluviais. Mesmo após a cessação da fase mais ativa da formação dos grandes cones aluviais arenosos, ainda continuaram a existir projeções das águas para oeste, pela herança de traçado dos cursos divergentes anteriormente instalados. Até hoje é bem visível a permanência de uma dinâmica fluvial

Foto 7 – *Maciços xistosos e calcários da zona fronteiriça Brasil–Bolívia, ao Norte- -Nordeste de Corumbá, insulados por lagoas de diferentes ordens de grandeza, gênese e aspectos paisagísticos. Ao fundo, estirão local do rio Paraguai e o pantanal dos Paiaguás (Foto: Ab'Sáber, julho de 1953).*

feita à custa de dejeções nas bordas de leques aluviais em desmantelamento (exemplo maior: Taquari).

É muito provável que, na origem de algumas depressões não totalmente fechadas existentes nas bordas das serranias, tenha havido uma certa contribuição de fenômenos carstiformes, conforme uma ilação pioneira de Octavio Barbosa (*in* CIBPU, 1971, referido por Gross Braun). Entretanto, para explicar a forma arredondada ou semielíptica das lagoas existentes na planície fluviolacustre situada ao Sul da confluência do Paraguai e São Lourenço, não acreditamos em depressões sepultadas no embasamento, porque ocorrem lagoas de formas e portes similares até mais de 100 quilômetros para o Norte, em plena área de planícies pantaneiras, e, portanto, fora da influência imediata das formações calcárias das serranias fronteiriças.

Mesmo com essa restrição, acreditamos que, encostado aos maciços e nas suas reentrâncias, possa existir um edifício criptocárstico, com antigas depressões doliniformes alojando baías. Em qualquer hipótese, porém, a gênese das lagunas é relativamente recente, tendo sido provocada pelo retorno da umidificação, após a cessação da fase mais crítica de formação de paleoleques aluviais, quando se iniciaram os transbordes que viriam a criar os "pantanais". Pela interpretação de imagens de satélites, pudemos constatar que, para oeste, a algumas dezenas de quilômetros da faixa de fronteira, em terras firmes do território boliviano, existem depressões cársticas vinculadas a pequenos cursos subterrâneos, do tipo que designamos sumidouros, indo suas águas reaparecer, possivelmente, na planície do rio de las Petas (vertente direita assimétrica do vale desse rio).

As imagens de satélites evidenciam com uma clareza fora do comum os numerosos casos de setores abandonados de leitos de rios meândricos, ocorrentes no entremeio dos pantanais. Mas existe um caso, de grande excepcionalidade, que diz respeito ao próprio rio Paraguai ao sair da depressão pantaneira principal. Calcula-se que a faixa de paleoleito abandonado do rio Paraguai – na área do Pantanal do Nabileque, em espaço adjacente à fronteira paraguaia – tenha um eixo Norte-Sul, da ordem de 140 km, aproximadamente. Hoje o Paraguai (enriquecido por todas as águas que consegue captar na depressão pantaneira), ao passar pelo setor Fecho dos Morros–Porto Murtinho, descreve um longo arco irregular para oeste, restando a distância de até 60 km do seu antigo cinturão meândrico abandonado. Já tínhamos experiência de observação de paleocanais no bolsão fluvioaluvial do Baixo Ribeira em São Paulo; mas nunca vimos nada de tão bem marcado e extensivo quanto esse paleocanal de um grande rio meândrico, à saída do domínio dos pantanais. Desvios naturais de cursos desse porte fazem refletir sobre a possibilidade de ter a tectônica residual holocênica atuado dentro e fora do Pantanal Mato--Grossense, até a instável área sísmica de Entre Rios (Argentina). Apenas um registro.

Nessa importante faixa de antigo leito do rio Paraguai, na área terminal de seu curso em território brasileiro, existe o rio Nabile, que drena os corixos dos banhados interpostos entre o paleoleito fluvial e as encostas baixas da serra da Bodoquena. No paleocanal meândrico – ora em seu próprio interior, ora fora do cinturão abandonado –, o rio Nabileque corre de Norte para Sul. Trata-se, talvez, do mais flagrante exemplo de rio *misfit* encontrado no Brasil: um rio de tamanho pouco significativo, ocupando o largo canal abandonado do velho curso do Paraguai, com forte nível de reconstrução durante a estação chuvosa. Uma antiguidade relativa, remontante talvez apenas a algum momento dos meados para os fins do Holoceno, comportando poucos milhares de anos. Convém assinalar que o Nabileque – a despeito de ser um curso d'água subadaptado ao grande leito antigo do Paraguai na região – desenvolve um importante papel para o homem e a sociedade da planície aluvial da região, já que ele faz o papel de controlador das

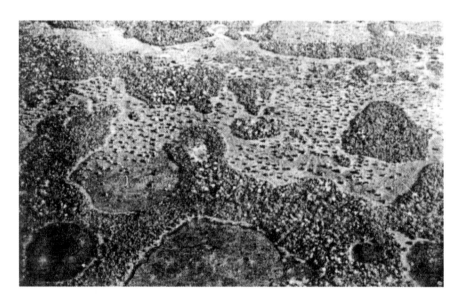

Foto 8 – Paisagem do extremo Sudeste da depressão pantaneira, incluindo lagoas temporariamente secas e largas galerias de florestas decíduas (cordilheiras). Nessa área, como em quase todo o Pantanal, a diferença entre o mosaico terra-água na estação das chuvas e na estiagem é muito contrastada, em todos os ecossistemas (Foto: Ab'Sáber, maio de 1953).

cheias e vazantes dos corixos interpostos entre a serra e a depressão do paleocanal. De certa forma, o Nabileque rompe a barreira relativa dos diques marginais que foram abandonados junto ao paleocanal do antigo rio Paraguai.

Flutuações Climáticas e Mudanças Ecológicas na Depressão do Alto Paraguai

O Pantanal é a mais espessa bacia de sedimentação quaternária do País. O pacote detrítico poupado em seu interior detém de 400 a 500 m de sedimentos acumulados. Ainda está para ser recuperado o significado paleoclimático desse material, empilhado por subsidência durante o Pleistoceno. No entanto, a última sequência da evolução fisiográfica e geoecológica da região está inscrita na distribuição de seus sedimentos mais recentes e na combinação de ecossistemas estabelecidos sobre as diferentes unidades de terrenos, ora muito alagáveis ora semiconsolidados. No revestimento fitogeográfico da depressão pantaneira, participam três grandes províncias da natureza sul-americana que, recentemente, exploraram biologicamente seu espaço total, multiplicando tipos e nichos de *habitats* capazes de asilar faunas. Relictos florísticos, relacionados a penetrações anteriores de vegetação proveniente de áreas secas, constituem um quarto tipo de componentes bióticos, ao lado da flora do Cerrado, do Chaco e da Pré-Amazônia. Cada um deles possui espaço próprio no interior e no entorno da grande planície hidrogeomorfologicamente diversificada. Estudos realizados a partir da década de 1970 eliminaram o antigo epíteto de "Complexo do Pantanal", já que a região apresenta um mosaico integrado de paisagens e espaços geoecológicos perfeitamente visualizáveis e cartografáveis. Nos primórdios dos trabalhos do Projeto Radam, chamamos a atenção para esse fato. E Henrique Pimenta Veloso foi quem iniciou a grande tarefa de decodificar o "complexo" e estabelecer as bases para uma verdadeira cartografia fitogeográfica da região. Na década de 1980, Adámoli (1981) escreveu sobre o assunto.

Nos estudos que fizemos sobre os domínios morfoclimáticos e fitogeográficos brasileiros identificamos, entre as áreas nucleares das grandes regiões naturais do País, uma série de faixas, setorialmente diferenciadas, de contato e transição climática, pedológica e geoecológica. Foi fácil perceber que as transições ao longo de áreas topograficamente não diferenciadas se faziam por composições e mosaicos sutilmente diferenciados (mosaico cerrado-matas, por exemplo), e que em certas áreas ocorriam tampões fitogeográficos (matas do cipó) interpostos entre matas atlânticas e caatingas planálticas (SE da Bahia), ou grandes áreas de adensamento de palmáceas interpostas entre matas pré-amazônicas, cerrados e caatingas (zona dos cocais). Nas terras altas do Brasil de Sudeste, podem identificar-se, nessas faixas críticas de mudanças de natureza, casos de velhas cordilheiras que serviam de principal "tampão orográfico" de separação entre matas atlânticas e cerrados interiores, incluindo sutis zonações altitudinais de flora, culminando por relictos de pradarias de cimeira e minienclaves de vegetação relacionados a antigos climas secos (Espinhaço). Nessa ordem de considerações, o Pantanal Mato-Grossense funciona como um notável interespaço de transição e contato, comportando: fortes penetrações de ecossistemas dos cerrados; uma participação significativa de floras chaquenhas; inclusões de componentes amazônicos e pré-amazônicos; ao lado de ecossistemas aquáticos e subaquáticos de grande extensão, nos "pantanais" de suas grandes planícies de inundação. Espremidos nos patamares e encostas de serranias, por entre paisagens chaquenhas e matas decíduas ou semidecíduas de encostas, ocorrem relictos de uma flora outrora mais extensa, relacionada ao grande período de expansão das caatingas pelo território brasileiro, ao fim do Pleistoceno.

Por todas essas razões, o Pantanal Mato-Grossense – pela sua posição de área situada entre pelo menos três grandes domínios morfoclimáticos e fitogeográficos sul-americanos – funciona como uma imensa depressão-aluvial-tampão e, ao mesmo tempo, como receptáculo de componentes bióticos provenientes das áreas circunvizinhas. Nesse sentido, como acontece com todas as faixas de transição e contato, o Pantanal Mato-Grossense se comporta, em termos fitogeográficos, como um delicado espaço de tensão ecológica. Em termos zoogeográficos, devido à sua extraordinária diversificação de *habitats* e potencialidades de cadeias tróficas, ele funciona como centro de concentração competitiva, numa espécie de réplica às áreas de difusão. Fato que redunda em uma riqueza biótica ímpar, dentro e fora do País. Uma riqueza que, de resto, deve ser preservada a qualquer custo, independentemente da existência de governantes e tecnocratas insensíveis e cooptantes com a predação.

Toda a exploração biológica do espaço total do Pantanal Mato--Grossense, de que resultou a sua esplêndida diversidade biológica atual, foi elaborada a partir de um quadro fisiográfico e hidrológico posterior a uma fase seca, em que existiam minguados recursos hídricos e um outro modelo de ocupação dos espaços geoecológicos. Na época em que se desenvolveram chãos pedregosos nas vertentes e patamares de serranias, e em que se ampliaram leques aluviais por milhares e dezenas de milhares de quilômetros de extensão (cone do Taquari, por exemplo), imperava um quadro fisiográfico e ecológico de resistasia: derruimento, em cadeia, das formações superficiais dos planaltos circundantes e acumulação, progressiva e continuada, de detritos sobre o dorso dos imensos e rasos cones de dejetos areno-síltico-argilosos. Num quadro assim, de desmantelamento paisagístico e espacial, e de acumulações rápidas e incessantes, existem poucas possibilidades para o desenvolvimento de ecossistemas e homogeneização de revestimentos florísticos.

O nível dos oceanos, durante a última glaciação, estava a -100 m. Não existia grande recheio sedimentar na soleira do Fecho dos Morros. As correntes frias sul-atlânticas estendiam-se muito mais para o Norte, ao longo da costa externa brasileira. No interior da Depressão do Alto Paraguai, a temperatura era três a quatro graus mais fria do que hoje, e as precipitações eram muito inferiores às atuais, existindo áreas com menos de 300 mm anuais. Quase todas as faces de escarpas e serranias – aquelas voltadas para Oeste, as do Norte e do Leste, como as do Sul – eram secas, comportando solos variando de sub-rochosos a rochosos, e incluindo tratos de chão pedregosos. Não se trata de hipóteses aleatórias, mas de uma reconstrução baseada na integração de fatos pontuais, documentados no campo.

Efetivamente, no estudo do Quaternário do Pantanal Mato-Grossense, para a compreensão das flutuações climáticas modernas incidentes sobre a região, existem três tipos de documentos significantes, a saber: a presença de uma formação calcária, oriunda da concentração de carbonatos removidos de rochas calcárias muito antigas, em condições de clima e pedogênese semiárida (Formação Xaraiés), de idade pleistocena, não especificada; ocorrências significativas de *stone lines* em áreas tão distantes entre si quanto as colinas de Cuiabá e as vertentes do maciço do Urucum; e, enfim, os gigantescos leques aluviais arenosos formados por todos os quadrantes da depressão pantaneira (menos seu lado ocidental), que documentam um desemboque maciço de detritos arenosos, sílticos e pró-parte argilosos, a partir dos sopés de escarpas estruturais dotadas de drenagens obsequentes. A isso tudo, acrescenta-se um documento vivo, representado por relictos de caatingas arbóreas e cactáceas, vinculadas a antigas expansões das caatingas do Nordeste Seco. Componentes das caatingas pela rede de sondagens arbóreas e cactáceas peculiares ao Nordeste permaneceram amarrados às vertentes inferiores de serranias e seus patamares de pedimentação, espremidos entre florestas semidecíduas e os primeiros bosques chaquenhos mistos.

Quando houve essa importante penetração de climas e floras semiáridas no interior e bordos da depressão pantaneira, as drenagens eram raquíticas, envolvendo canais anastomosados e uma dinâmica hidrológica intermitente sazonária. Eram rios de leitos trançados, contidos entre bordos de grandes leques aluviais rasos. Iniciou-se aí, porém, um processo generalizado de retrabalhamento de areias removidas das dejeções terminais dos grandes cones aluviais em crescimento. Essa recuperação das areias excedentes dos leques aluviais foi, por sua vez, decisiva para criar o substrato arenoso dos "pantanais". Mais tarde, quando os climas se tornaram muito mais úmidos e uma nova geração de canais fluviais meândricos se sobrepôs aos embasamentos arenosos, as áreas de banhados continuaram dominadas por areias, fato que favoreceu diretamente o estabelecimento dos canaletes subanastomosados dos corixos. Tudo isso acontecendo no momento em que os diques marginais de cursos de água meândricos, de diferentes portes e conformações, criaram condições para expansão de florestas beiradeiras (decíduas ou semidecíduas) nos diques marginais em formação. As grandes cargas de areias, siltes e argilas existentes no espaço total da região, ao fim do período dos leques aluviais, facilitavam retrabalhamentos sucessivos, sob novo modelo de canais. O crescimento de diques marginais – ao mesmo tempo que contribuía para encarcerar banhados, criando vastas áreas de inundação a partir dos reversos de diques beiradeiros – favorecia a implantação de biomassas florestais no interior das grandes planícies. Mudanças ocasionais de setores da drenagem meândrica fizeram com que résteas de vegetação arbórea (florestas deciduais e/ou cerradões) ficassem interiorizadas em relação à margem dos rios atuais, formando aquilo que, na linguagem popular dos pantanais, é designado por "cordilheiras". Nesse nível de considerações, pode-se perceber que fatos tidos como muito complexos começam a ser melhor entendidos.

Desde há muitos anos, Fernando de Almeida caracterizou a Formação Xaraiés como calcários residuais, aparentados com os chamados "calcários das caatingas", tão comuns no médio vale inferior do rio São Francisco, correlacionados a climas secos do Quaternário por Branner (Almeida, 1964). Vale a pena transcrever a notável descrição da posição de tais calcários nos patamares de pedimentação das serranias fronteiriças:

> Superfícies de pedimentação, testemunhos de climas pretéritos mais secos, estendem-se às abas dos morros que circundam o Pantanal. Vê-se claramente

sendo afogadas nas aluviões modernas, de que se erguem *inselbergs*, à maneira de ilhas num litoral de afundamento. Sobre as superfícies, no município de Corumbá, estende-se uma cobertura calcária descontínua, a Formação Xaraiés (Almeida, 1945), produto de materiais transportados e carbonatos precipitados em condições idênticas às do calcário da Caatinga, da Bahia, descritas por J. C. Branner (1911).

Almeida ainda acrescenta que a Formação Xaraiés "contém restos de angiospermas e de gastrópodes, possivelmente pleistocênicos, entre eles *Bulimulus*, que também existe no calcário da Caatinga" (Almeida, 1964, p. 107).

Julgamos oportuno lembrar que essa formação calcária residual comporta-se, no tabuleiro ondulado dos arredores de Corumbá, como uma espécie de formação edafostratigráfica. Ela é, na sua maior parte, uma espécie de paleossolo, de clima seco, alimentada por calcários residuais removidos de formações mais antigas: no vale do São Francisco, a fonte é a Formação Bambuí; nos arredores de Corumbá, a matriz primária é constituída pelos calcários do Pré-Cambriano Superior – Grupo Corumbá. São solos antigos e microbacias rasas de deposição descontínua, relacionados a uma reativação local de *pedocals*, fato muito raro em todo o Brasil. Um segundo aspecto que diz respeito aos calcários residuais de Corumbá é o fato de que, ali, eles podem ter sua posição geocronológica mais esclarecida do que a dos calcários das caatingas – a Formação Xaraiés remonta ao Pleistoceno Médio ou Médio-Superior –, porém são nitidamente anteriores à grande época da formação de chãos pedregosos do Pleistoceno Superior. Existem chãos pedregosos que estão sotopostos aos calcários Xaraiés (CIBPU, 1971, pp. 96-97, fotos de Gross Braun), nos arredores de Corumbá. Por outro lado, os depósitos detríticos das encostas do morro do Urucum, representados por antigos chãos pedregosos sotopostos a paleocanais de escoamento, incluem fragmentos de limonita, areias e resíduos de *pedalfers*, nitidamente pós-Xaraiés.

Na formação da bacia do Pantanal, por muito tempo dominaram condições semiáridas; mesmo assim, ocorreram pequenas fases úmidas, antes da fase de afundamento que criou aquela bacia detrítica, e durante ela. A reconstrução da história total das mudanças climáticas e paleoecológicas ainda está longe de estar bem estabelecida. Alvarenga e seus companheiros de equipe (1984) adiantam algumas considerações sobre as possíveis flutuações climáticas cenozoicas da região pantaneira, dizendo que "os climas variaram, provavelmente, de semiárido para tropical úmido, pelo menos quatro vezes no Pleistoceno e duas ou três vezes em períodos mais longos no Terciário". Ainda que não tenhamos documentação para comprovar tais asserções, é possível que elas estejam bem próximas dos eventos que devem ter ocorrido. Já comentamos as questões paleoclimáticas que redundaram na formação do pediplano cuiabano e suas extensões. Cumpre pôr um pouco de ordem nos conhecimentos acumulados sobre a evolução dos paleoclimas quaternários, desde a dissecação do pediplano cuiabano até a formação da bacia do Pantanal, pedimentos dos seus bordos, baixos terraços cascalhentos, paleossolos dos calcários Xaraiés, paleoleques aluviais, planícies meândricas e grandes banhados pantaneiros. Os eventos parecem ter ocorrido um pouco nessa ordem de citação. Condições ambientais rústicas vêm acontecendo desde a época mais antiga dos processos de pedimentação. O pedimento intermediário superior foi o mais amplo e exatamente aquele que deixou menor número de indicadores correlativos. O pedimento intermediário inferior, responsável pelo nível das colinas onduladas, embutidas nos pediplanos e/ou pedimentos mais altos, contém paleossolos carbonatados na zona dos patamares de serranias (Corumbá) e resíduos retrabalhados de cascalhos fluviais antigos na região de Cuiabá. Nessa mesma área, os baixos terraços fluviais do vale do rio Cuiabá revelam condições muito ásperas de deposição fluvial, comportando depósitos clásticos fluviais grosseiros e angulosos, denotando um clima temporariamente muito rústico. E, por fim, ainda dentro do Pleistoceno Terminal, sobreveio a fase dos grandes leques aluviais no interior da depressão detrítica (bacia do Pantanal) e chãos pedregosos, documentados pelas sucessivas descobertas de legítimas *stone lines* em áreas tão distantes entre si quanto as colinas onduladas de Corumbá, ou as vertentes das colinas cuiabanas. Isso tudo termina, mais ou menos bruscamente, entre treze e doze mil anos antes do presente, quando se inicia o lento e descontínuo processo de reumidificação do interior e bordos da grande depressão, fato principal da preocupação do presente estudo.

A umidificação holocênica, sob sazonalidade marcante, não foi tão homogênea como se poderia pensar. Nos bordos orientais da depressão pantaneira ocorrem atualmente precipitações de 1.100 a 1.400 mm anuais e, ao Norte, de 1.000 a 1.800 mm. No entanto, do centro da depressão para a fronteira com a Bolívia e o Paraguai, as isoietas decrescem para menos de 800-850 mm, em pelo menos dois setores; ocorrem precipitações médias de 850 a 1.000 mm nas faixas Norte-Sul e centro-ocidental dos pantanais mato-grossenses. Disso resulta que as áreas mais alagadas, que ocupam exatamente as faixas mais deprimidas do terreno (85-110 m de altitude), são exatamente aquelas menos úmidas e relativamente mais secas. Não fossem os grandes banhados ali existentes, existiriam condições climáticas similares, pelo menos, às dos "agrestes" nordestinos, dotados de caatingas arbóreas.

Essa umidificação setorizada da grande depressão pantaneira favoreceu a ampliação de cerrados, campos cerrados e cerradões no dorso do macroleque aluvial do Taquari, numa conquista Leste-Oeste dos espaços geoecológicos regionais. No mesmo tempo, extensas áreas dos pantanais setentrionais, incluindo leques aluviais de menor extensão, receberam bosques de florestas, semidecíduas a decíduas, em largas faixas de diques marginais, setores mais enxutos das planícies aluviais e paleodiques interiorizados. Associações de palmáceas se expandiram pelos campos menos alagáveis, representando componentes das floras pré-amazônicas (zonas de cocais). Componentes isolados de floras amazônicas puderam medrar em lagoas de barragem fluvial, à margem dos rios meândricos, procedentes de serranias e chapadas situadas ao norte dos pantanais. Inclui-se, no caso, a recorrência de agrupamentos de vitórias-régias e outras ninfeáceas, desenvolvidas em braços mortos de rios meândricos. Na margem de alguns rios, em rasos leitos de estiagem, desenvolveram-se ecossistemas vegetais subaquáticos, à moda dos igapós de beira-rio do Alto Rio Branco (Roraima) ou dos rios acreanos. Apenas na área sudoeste, em várzeas desenvolvidas em terras firmes, aparecem buritizais. E os grandes pantanais, que possuem baixo nível de formação de verdadeiros brejos – dadas as condições arenosas de seu substrato –, incluíram diferentes tipos de floras subaquáticas extensivas, conforme o grau de umidade e o tempo de permanência da inundação, ao longo de seus vastos espaços, sob o controle ou não de sistema de canaletes anastomosados dos corixos. Pelo lado oposto, bosques chaquenhos marcadamente mistos, relacionados com a vegetação do Chaco Ocidental, entraram até aos patamares de pedimentação colinosos dos sopés do planalto e serranias da Bodoquena, a sudoeste do grande Pantanal, quando o rio Paraguai transita pela área do Fecho dos Morros–Porto Murtinho, na direção do Paraguai e Argentina, através de traçado meândrico em arabesco, muito próximo do sistema de meandração que caracteriza seus formadores, ao embocar na região dos grandes pantanais.

O Significado do Pantanal Mato-Grossense para a Teoria dos Refúgios e Redutos

Temos insistido em que a chamada teoria dos refúgios e redutos foi um dos mais importantes corpos de ideias referentes aos mecanismos padrões de distribuição de floras e faunas na América Tropical. Não é exagerado dizer que essa teoria, nascida de considerações sobre as flutuações climáticas do Quaternário na América do Sul e Central, constituiu-se numa das mais sérias tentativas de integração das ciências fisiográficas com as ciências biológicas, ocorridas depois do darwinismo. Em sua essência, a teoria dos refúgios e redutos cuida das repercussões das mudanças climáticas quaternárias sobre o quadro distributivo de floras e faunas, em tempos determinados, ao longo de espaços fisiográficos, paisagística e ecologicamente mutantes. Tal como ela foi elaborada no Brasil, pela contribuição de diferentes pesquisadores, a teoria dos refúgios e redutos diz respeito, sobretudo, à identificação dos momentos de maior retração das florestas tropicais, por ocasião da desintegração de uma tropicalidade relativa preexistente. Nessa contingência, massas de vegetação outrora contínuas, ou mais ou menos contínuas, ficaram reduzidas a manchas regionais de florestas, em sítios privilegiados, à moda dos atuais "brejos" que pontilham o domínio das caatingas, nos sertões do Nordeste Seco. Os refúgios florestais pleistocênicos seriam os setores de mais demorada permanência da vegetação tropical e de seus acompanhantes faunísticos – em forte competitividade – durante os principais períodos de retração das condições tropicais úmidas. Esta proposição básica foi muito ampliada pela colaboração de botânicos, zoólogos e geneticistas.

Tão importante quanto o entendimento das condições de acentuação da secura, é o esclarecimento das situações paleoclimáticas que antecederam a progressão da semiaridez, e, por fim, o tema máximo, que diz respeito às formas da recomposição da tropicalidade, ao longo dos espaços anteriormente dominados por climas muito secos. Para atingir tais objetivos, a teoria dos refúgios e redutos envolveu considerações sobre os atuais espaços geoecológicos inter e subtropicais, e conhecimentos sobre a estrutura superficial de suas paisagens, com vistas ao esclarecimento dos cenários e processos que ocorreram no Quaternário Antigo, quando existiam outros arranjos e dinâmicas de distribuição de floras e faunas. Essa forma de conhecimento, marcadamente multidisciplinária, é particularmente fértil para uma sondagem dos efeitos e consequências das flutuações paleoclimáticas quaternárias, que determinaram interferências morfológicas, pedogênicas e fitogeográficas, muito sensíveis nos espaços amazônicos e tropicais atlânticos do Brasil, com repercussões sensíveis no domínio dos cerrados e notáveis modificações no quadro físico, geoecológico e biótico do Pantanal Mato-Grossense. Quando o Nordeste seco esteve ampliado ao máximo nos territórios inter e subtropicais do Brasil, entre 13 mil e 23 mil anos antes do presente, padrões de caatinga arbórea e arbustiva chegaram, respectivamente, nos bordos e no centro de um grande *bolsone*, dominado por leques aluviais gigantescos, na área onde hoje se situam os "pantanais" da grande depressão regional. Foram necessários doze a treze mil anos para recompor a tropicalidade na depressão pantaneira; a história dessa recomposição paisagística, através de uma retomada da exploração biológica dos espaços herdados dos climas secos, é um dos grandes episódios da dinâmica das floras e faunas, a partir de refúgios e redutos situados em diferentes sítios das terras altas circunvizinhas.

Na área nuclear das caatingas, os atuais sítios de "brejos" amarrados a ilhas locais de umidade constituem-se em um modelo vivo de redutos e refúgios florestais (Birot, Ab'Sáber, Vanzolini, Andrade Lima). No caso do Pantanal – um território deprimido situado entre os domínios dos cerrados, do Chaco e da Pré-Amazônia –, após a última crise de secura do Pleistoceno Terminal, houve uma reconquista do antigo espaço seco por diferentes *stocks* de vegetação tropical, a partir de refúgios e redutos acantonados nas chapadas, serranias e terras firmes adjacentes. A invasão dos cerrados em expansão comportou uma colonização descendente pelo corpo geral do grande leque do Taquari, envolvendo, ainda, os trechos remanescentes das colinas pedimentadas do leste, sudeste e sul da depressão pantaneira. Pelo lado norte, entraram massas de vegetação periamazônica, comportando padrões de florestas tropicais decíduas e semidecíduas, além de grandes palmares adaptados a conviver com as condições climáticas e hidrogeomorfológicas atuais dos setores setentrionais do Pantanal Mato-Grossense. Pelo extremo sudoeste e sul, a depressão pantaneira sofreu a penetração de componentes florísticos do Chaco Oriental, ela própria transicional quando comparada com a área nuclear chaquenha (domínio do Chaco Central). Nessa área do extremo Sul-Sudoeste, ocorre um complexo quadro distributivo de padrões de paisagens filiados ao domínio chaquenho, onde aparecem associações de palmáceas, formações savanoides arbustivas, pontilhadas por componentes arbóreos baixos da flora chaquenha, mosaicos de relictos de caatinga arbórea e componentes florísticos do Chaco, e eventuais manchas de cerradões, entremeados com floras chaquenhas. A situação de contato entre ecossistemas diferenciados é uma constante desde os arredores de Corumbá até a planície meândrica do rio Paraguai (Fecho dos Morros–Porto Murtinho), Pantanais do Nabileque e encostas ocidentais da Serra da Bodoquena. Morros e serranias fronteiriças – Urucum-Santa Cruz e Fecho dos Morros – possuem cobertura florestal a partir de certo nível topográfico, com predomínio de matas densas, de altura limitada, sujeitas a uma condição semidecídua.

Na região de Corumbá, espremidas entre as encostas dos altos morros florestados e os primeiros carandazais e parques chaquenhos, ocorrem cactos e bromélias, ao lado de barrigudas e outras espécies remanescentes, herdadas de antigas expansões de caatingas arbóreas, que atingiram a borda dos pantanais e ali permaneceram localmente, formando relictos ou minirredutos de uma flora que pôde resistir, localmente, ao aumento da umidade e das precipitações. Nos setores colineanos que circundam as morrarias, existem climas tropicais subúmidos – em que as precipitações decaem de 1.000 para 850 mm ou menos –, criando condições para a sobrevivência de um estoque residual de vegetação vinculada a padrões dos agrestes nordestinos. Não fora o desenvolvimento da teoria dos refúgios e redutos – e as considerações sobre os antigos espaços ocupados pelos climas secos do Quaternário Antigo –, dificilmente poderíamos compreender a presença desses pequenos redutos de flora do domínio das caatingas, abandonados no sudoeste da depressão pantaneira, quando da retração dos climas secos e ampliação diferenciada dos climas tropicais úmidos e subúmidos. Trata-se de uma espécie de quarto estoque de vegetação, que ali chegou no passado, através de amplos corredores de expansão, e que restou semi-isolado pela recomposição da tropicalidade em vastos trechos da depressão pantaneira.

Uma referência de particular significado diz respeito às relações dos grupos pré-históricos com o quadro da região pantaneira e suas adjacências. Existem razões para se supor que o roteiro dos grupos humanos, de caçadores coletores, que atingiram o sul do Maranhão, o noroeste da bacia do São Francisco e, possivelmente, as terras baixas da Bolívia, Paraguai e centro-oeste de Mato Grosso, tenha aqui chegado através do arco das terras cisandinas. A certa altura de seu longo deslocamento para o Sul, alguns grupos devem ter-se internado para leste, aproveitando uma série de corredores de colinas e vales, de posição marcadamente interplanáltica. As áreas preferidas para exercer a caça e a coleta, e assim garantir sua sobrevivência, eram provavelmente as margens de depressões periféricas e compartimentos similares. Tudo leva a acreditar que se dava preferência por pequenas áreas dotadas de maior diversificação geoecológica e biótica, situadas nos sopés e arredores de escarpas areníticas; sobretudo os locais onde matas orográficas, em situação de refúgios e redutos, eram envolvidas por outros ecossistemas mais extensivos. Enfim, locais onde a diversidade biológica – numa situação geral de grande predominância de climas secos – era maior, devido à multiplicidade de *habitats* e às potencialidades de oferendas da natureza.

Acreditamos que a área central pantaneira, com o predomínio de imensas massas de areias em acumulação nos leques aluviais e sob condições de um clima muito rústico e variável, eram setores particularmente repulsivos durante o Pleistoceno Superior. Mais repulsivos para o homem; mas nem tanto para a megafauna de mamíferos.

O corredor de terras baixas do Guaporé, que dava boa conexão com a região do Alto Paraguai, em área pré-pantaneira, pode ter sido a faixa de penetração de paleoíndios e/ou paleoíndios tardios. Embora a rota principal de migrações fosse Oeste-Leste, a partir dos bordos do Planalto Central brasileiro, é possível que alguns pequenos grupos tenham feito volutas na direção das bordas do Pantanal e terras firmes bolivianas e paraguaias, quando vigoravam climas secos, por imensos espaços da América Tropical. Na época, a área correspondente aos "pantanais" de hoje era particularmente rústica, do ponto de vista climático e hidrológico, com seu ambiente subdesértico, forte atuação dos processos morfogênicos de acumulação em cones de dejeção, hidrologia intermitente, e vegetação rala de caatingas arbustivas mal consolidadas. Os grupos de caçadores coletores devem ter preferido os sopés de escarpas, serranias e abrigos sobre rocha. Muito mais tarde, quando houve uma progressiva retomada da tropicalização, perenizando rios, criando pantanais e enriquecendo a ictiofauna fluvial, a depressão pantaneira tornou-se mais atrativa: grupos paleotupi-guaranis, aos poucos, assenhoraram-se de vastas áreas do Pantanal Mato-Grossense, iniciando sua diáspora por imensas áreas do Brasil.

O PANTANAL MATO-GROSSENSE: UMA BIBLIOGRAFIA
GEOMORFOLÓGICA E CLIMATO-HIDROLÓGICA

AB'SÁBER, Aziz Nacib. "Regiões de Circundesnudação Pós-Cretáceas no Planalto Brasileiro". *Boletim Paulista de Geografia*, 1:3-21, março (São Paulo), 1949.
_____. "Depressões Periféricas e Depressões Semiáridas no Nordeste do Brasil". *Boletim Paulista de Geografia*, 22:3-18, março (São Paulo), 1956.
_____. *Ocorrências de Paleopavimentos Detríticos no Rio Grande do Sul. Dinâmica das Mudanças Morfogênicas e Fitogeográficas em Diferentes Domínios da Natureza no Brasil*. Comunicação à XVIII Assembleia Geral da Associação dos Geógrafos Brasileiros, Penedo, Alagoas, julho [não publ.], 1962.
_____. "Depressão do Pantanal". *In*: AZEVEDO, Aroldo de (ed.). *Brasil, a Terra e o Homem. I: As Bases Físicas. O Relevo Brasileiro e seus Problemas*. São Paulo, Nacional, pp. 160-163; 236-237 (cap. 3), 1964.
_____. *Da Participação das Depressões Periféricas e Superfícies Aplainadas na Compartimentação do Planalto Brasileiro*. São Paulo, FFCL-USP (Tese de Livre-Docência), 1965.
_____. "Significado Geomorfológico das Superfícies de Eversão Situadas à Margem das Escarpas Devonianas". *In: Resumo de Teses e Comunicações do II Congresso*

Brasileiro de Geógrafos. Rio de Janeiro, Associação dos Geógrafos Brasileiros/ Delta, julho (Tema de Cursos de Pós-Graduação, USP; década de 1970), 1965.

_____. *Bases Geomorfológicas para o Estudo do Quaternário no Estado de São Paulo.* São Paulo, FFCL-USP [ed. do Autor] (Tese de Concurso), 1968.

_____. "Espaços Ocupados pela Expansão dos Climas Secos na América do Sul, por Ocasião dos Períodos Glaciais Quaternários". *Paleoclimas São Paulo,* 3 (IGEOG--USP), 1977.

_____. "Os Domínios Morfoclimáticos da América do Sul. Primeira Aproximação". *Geomorfologia São Paulo,* 52:1-22 (IGEOG-USP), 1977.

_____. "Domínios Morfoclimáticos Atuais e Quaternários na Região do Cerrado". *Craton & Intracraton,* 14:1-37 (Unesp-São José do Rio Preto), 1981.

ADÁMOLI, J. A. "O Pantanal e suas Relações Fitogeográficas com os Cerrados. Discussão sobre o Conceito 'Complexo do Pantanal'". *In*: *Anais do XXXII Congresso Nacional de Botânica (Teresina, PI),* pp. 109-119 (Sociedade Brasileira de Botânica), 1981.

_____. "A Dinâmica das Inundações no Pantanal". *In*: *Anais do I Simpósio sobre os Recursos Naturais e Socioeconômicos do Pantanal (UFMS, Corumbá, 1984),* Brasília, EMBRAPA/DDT/CPAP, pp. 63-76, 1986.

_____. "Fitogeografia do Pantanal". *In*: *Anais do I Simpósio sobre os Recursos Naturais e Socioeconômicos do Pantanal (UFMS, Corumbá, 1984),* Brasília, EMBRAPA/DDT/CPAP, pp. 105-107, 1986.

ADÁMOLI, J. A. & AZEVEDO, L. G. *O Pantanal da Fazenda Bodoquena: As Inundações e o Manejo do Gado.* Brasília, [s.e.] (mimeogr.), 1983.

ADAMS, Cristina. "As Florestas Virgens Manejadas". *Boletim do Museu Paraense Emílio Goeldi.* Antropologia. Belém, vol. 10 (1), pp. 3-20, jul. 1994.

ALHO, C. J.; LACHER, T. E. & GONÇALVES, H. C. "Environmental Degradation in the Pantanal Ecosystem". *BioScience,* 38 (3):164-171, 1988.

ALMEIDA, F. F. M de. *Geologia do Sudoeste Mato-Grossense.* Rio de Janeiro, DNPM--MME (Divisão de Geologia e Mineralogia, Boletim 116), 1945.

_____. *Geologia do Centro-Leste Mato-Grossense.* Rio de Janeiro, DNPM-MME (Divisão de Geologia e Mineralogia, 150), 1954.

_____. *Geologia do Centro-Oeste Mato-Grossense.* Rio de Janeiro, DNPM-MME (Divisão de Geologia e Mineralogia, 215), 1959.

_____. "O Pantanal Mato-Grossense". *In*: AZEVEDO, Aroldo de (ed.). *Brasil, a Terra e o Homem.* I: *As Bases Físicas. Os Fundamentos Geológicos.* São Paulo, Nacional, p. 107, 1964.

_____. *Geologia da Serra da Bodoquena (Mato Grosso).* Rio de Janeiro, DNPM-MME (Divisão de Geologia e Mineralogia, 219), 1965.

_____. "Sistema Tectônico Marginal do Craton do Guaporé". *In*: *Anais do XXVIII Congresso Brasileiro de Geologia (Porto Alegre, 1974),* 4:9-17 (Sociedade Brasileira de Geologia, Porto Alegre), 1974.

_____. "Antefossa do Alto Paraguai". *In: Anais do XXVIII Congresso Brasileiro de Geologia (Porto Alegre, 1974),* 4:3-6 (Sociedade Brasileira de Geologia, Porto Alegre), 1974.

ALMEIDA, F. F. M. de & LIMA, M. G. de. *The West Central Plateau and the Mato Grosso "Pantanal".* Rio de Janeiro, CNG-IBGE (Excursion Guide Book Series, 1 – XVIII Congresso Internacional de Geografia da UGI, Rio, 1956), 1959.

_____. *Planalto Centro-Ocidental e Pantanal Mato-Grossense.* Rio de Janeiro, CNG--IBGE, 169 pp. (Série Guia da Excursão, 1 – XVIII Congresso Internacional de Geografia da UGI, Rio de Janeiro, 1959).

_____. "Traços Gerais da Geomorfologia do Centro-Oeste Brasileiro". *In*: ALMEIDA, F. F. M. de & LIMA, M. G. de. *Planalto Centro-Ocidental e Pantanal Mato-Grossense*. Rio de Janeiro, CNG-IBGE, pp. 7-65. (Série Guia da Excursão, 1 – XVIII Congresso Internacional de Geografia da UGI, Rio de Janeiro, 1956), 1959.

ALVARENGA, S. M. *et alii*. *Levantamento Preliminar de Dados para o Controle de Enchentes da Bacia do Alto Paraguai*. Goiânia, Projeto RADAMBRASIL (Relatório Interno 31-GM), 1980.

ALVARENGA, S. M.; BRASIL, A. E.; PINHEIRO, R. & KUX, H. J. H. *Estudo Geomorfológico Aplicado à Bacia do Alto Rio Paraguai e Pantanais Mato-Grossenses*. Salvador, BA, Projeto Radambrasil (Serviço de Geomorfologia, Boletim Técnico, 1), 1984.

AMARAL, J. A. M. de. "A Região do Pantanal: Principais Relações entre Unidades de Paisagens, Solos e Vegetação". *In: Anais do IV Congresso dos Engenheiros Agrônomos do Estado de Mato Grosso do Sul (Campo Grande, 1980)*.

BAKER, Victor R. "Adjustment Fluvial System to Climate and Source Terrain in Tropical and Subtropical Environments". *Canadian Society of Petroleum Geologists Memorandum*, 5:211-230, 1978.

BARBOSA, Getúlio Vargas. "Cartografia Geomorfológica Utilizada pelo Projeto RADAM". *In: Anais do XXVII Congresso Brasileiro de Geologia (Aracaju, 1973)*, 1:427-432 (Aracaju, SE, SBG), 1973.

BARBOSA, Getúlio Vargas *et alii*. "Evolução da Metodologia para Mapeamento Geomorfológico do Projeto RADAMBRASIL". *Geociências*, 2:7-20. (Unesp, São Paulo), 1983.

BARBOSA, Octavio. "Contribuição à Geologia da Região Brasil-Bolívia". *Mineração e Metalurgia*, 13 (77): 271-278 (Rio de Janeiro), 1949.

BRANNER, John Casper. "Aggraded Limestone of the Interior of Bahia and the Climate Changes Suggested by Them". *Bulletin of the Geological Society of America*, 22:187-206 (New York), 1911.

BRAUN, E. H. G. "Cone Aluvial do Taquari: Unidade Geomórfica Marcante na Planície Quaternária do Pantanal". *Revista Brasileira de Geografia*, 39 (4):164-180, out.-dez. (Rio de Janeiro), 1977.

BROWN JR., Keith S. "Zoogeografia da Região do Pantanal Mato-Grossense". *In: Anais do I Simpósio sobre os Recursos Naturais e Socioeconômicos do Pantanal (UFMS, Corumbá, 1984)*, Brasília, EMBRAPA/DDT/CPAP, pp. 137-178, 1986.

CADAVID GARCIA, Eduardo A. *O Clima no Pantanal Mato-Grossense*. Circular técnica 14. Corumbá, EMBRAPA/UEPAE, 1984, 42 pp.

CALILI, Cláudia T. *Estudos de Caracterização e Incorporação de Mercúrio por Moluscos Aquáticos do Pantanal de Poconé-MT*. São Carlos, 1996. Dissertação (mestrado em Ecologia) – Universidade Federal de São Carlos, São Paulo, 100 pp.

CAMPOS FILHO, Luiz Vicente. *Tradição e Ruptura – A Cultura e Ambientes Pantaneiros*. Entrelinhas, Cuiabá, 2002.

CARVALHO, N. O. de. "A Hidrologia da Bacia do Alto Paraguai". *In: Anais do I Simpósio sobre os Recursos Naturais e Socioeconômicos do Pantanal (UFMS, Corumbá, 1984)*, Brasília, EMBRAPA/DDT/CPAP, pp. 43-49, 1986.

CASTER, Kenneth E. "Expedição Geológica em Goiás e Mato Grosso". *Mineração e Metalurgia*, 12 (69): 126-127, jul.-set. (Rio de Janeiro), 1947.

CIBPU. *Relatório Geológico e Pedológico Exploratório do Alto Paraguai*. São Paulo, Comissão Interestadual da Bacia do Paraná-Uruguai (trabalhos executados pela Prospect S/A; Mapas de E. H. Gross Braun), 1971.

CONCEIÇÃO, C. A. & PAULA, J. E. "Contribuição para o Conhecimento da Flora do Pantanal Mato-Grossense e sua Relação com a Fauna e o Homem". *In: Anais do I Simpósio sobre os Recursos Naturais e Socioeconômicos do Pantanal (UFMS, Corumbá, 1984)*, Brasília, EMBRAPA/DDT/CPAP, pp. 107-130, 1986.

CORRÊA FILHO, Virgílio. "Cuiabá, Afluente do Paraguai". *Revista Brasileira de Geografia*, 4 (1):3-20 (Rio de Janeiro), 1942.

———. *Pantanais Mato-Grossenses. Devassamento e Ocupação*. Rio de Janeiro, IBGE/ Conselho Nacional de Geografia, 170 pp., 1946.

———. *Fazendas de Gado no Pantanal Mato-Grossense*. Rio de Janeiro, Ministério da Agricultura, 62 pp., 1955.

CORREA, J. A. et alii. *Projeto Bodoquena. Relatório Final*. Goiânia, DNPM/CPRM (Relatório do Arquivo Técnico da DGM, 2.573), 1976.

CUNHA, J. da. "Cobre do Jauru e Lagoas Alcalinas do Pantanal (Mato Grosso)". *Boletim do Laboratório da Produção Mineral*, 6:1-43 (Rio de Janeiro), 1943.

CUNHA, N. G. *Considerações sobre os Solos da Sub-região da Nhecolândia, Pantanal Mato-Grossense*. Corumbá, EMBRAPA/UEPAE (Circular Técnica, 1), 1980.

———. *Classificação e Fertilidade de Solos da Planície Sedimentar do Rio Taquari, Pantanal Mato-Grossense*. Corumbá, EMBRAPA/UEPAE, pp. 1-56 (Circular Técnica, 4), 1980.

DA SILVA, Carolina J. & SILVA, Joana A. F. *No Ritmo das Águas do Pantanal*. São Paulo, NUPAUB/USP, 210 pp., 1995.

DAVINO, A. "Determinação de Espessuras dos Sedimentos do Pantanal Mato-Grossense por Sondagens Elétricas". *In: Anais da Academia Brasileira de Ciências*, 40 (3):327-330, set. (Rio de Janeiro), 1968.

DEL'ARCO, J. O. et alii. "Geologia". *In*: PROJETO RADAMBRASIL. *Folha SE.21 Corumbá e Parte da Folha SE.20*. Rio de Janeiro, Ministério de Minas e Energia, pp. 25-160. (Levantamento de Recursos Naturais, 27), 1982.

DEL'ARCO, Jeferson O.; SILVA, Régis H. da; TARAPANOFF, Igor et al. "Formação Pantanal". *In*: BRASIL. PROJETO RADAMBRASIL. *Folha SE. 21. Corumbá e Parte da Folha SD. 20*. Rio de Janeiro, MME. Sec. Geral, pp. 110-114, 1982.

DE MARTONNE, Emmanuel. "Problemes morfologiques de Brasil Tropical atlantique". *Annales de Geographie*, 49 (277):1-27; 49(278-279):106-129 (Paris), 1940.

DNOS. *Estudos Hidrológicos da Bacia do Alto Paraguai. I: Relatório Técnico*. [Brasília], Ministério do Interior, Departamento Nacional de Obras e Saneamento. 4 vols., 1966-1972.

———. *Estudos Hidrológicos da Bacia do Alto Paraguai*. Brasília, Ministério do Interior, Departamento Nacional de Obras e Saneamento (Relatório Técnico, 10), 1974.

EMBRAPA. *Anais do I Simpósio sobre os Recursos Naturais e Socioeconômicos do Pantanal (Corumbá, MS, 28 de novembro a 4 de dezembro de 1984)*. Brasília, Empresa Brasileira de Pesquisa Agropecuária/DDT/CPAP, 1986.

———. *Plano de Manejo da Estação Ecológica de Nhumirim*. Documentos n. 12. Corumbá, CPAP, 64 pp., 1994.

ENGEVIX. *Pantanal Mato-Grossense. Pré-Diagnóstico Ambiental*. Brasília, Engevix S.A., 2 vols. (Diversos Autores), 1987.

FERRAZ DE LIMA, J. A. "A Pesca no Pantanal de Mato Grosso (Rio Cuiabá: Biologia e Ecologia Pesqueira)". *In: Anais do II Congresso Brasileiro de Engenharia de Pesca (Recife, 1981)*, pp. 503-516, 1981.

FERREIRA, E. O. et alii. *Mapa Tectônico do Brasil*. Rio de Janeiro, DNPM. [Mapa. Escala 1:5.000.000], 1971.

———. "Carta Tectônica do Brasil. Notícia Explicativa". *In: Boletim do Departamento Nacional da Produção Mineral*, 1:1-19 (Rio de Janeiro), 1972.

FIGUEIREDO, A J. de A. & OLIVATTI, O. *O Projeto Alto Guaporé: Relatório Final Integrado*. vol. 11. Goiânia, DNPM/CPRM (Relatório do Arquivo Técnico da DGM, 2.3231), 1974.

FRANCO, M. do S. M. & PINHEIRO, R. "Geomorfologia". *In*: PROJETO RADAMBRASIL. *Folha*

SE.21 Corumbá e Parte da Folha SE.20. Rio de Janeiro, Ministério de Minas e Energia, pp. 161-224. (Levantamento de Recursos Naturais, 27), 1982.

FREITAS, Ruy Osório de. "Ensaio sobre o Relevo Tectônico do Brasil". *Revista Brasileira de Geografia*, 13 (2):171-222, abr.-jun. (São Paulo), 1951.

GARCIA, E. A. C. *O Clima no Pantanal Mato-Grossense*. Corumbá, EMBRAPA/UEPAE (Circular Técnica, 14), 1984.

GODOY FILHO, J. D. de. "Aspectos Geológicos do Pantanal Mato-Grossense e de sua Área de Influência". In: *Anais do I Simpósio sobre os Recursos Naturais e Socioeconômicos do Pantanal (UFMS, Corumbá, 1984)*, Brasília, EMBRAPA/DDT/CPAP, pp. 63-90, 1986.

GOMES, Pimentel. "O Pantanal Mato-Grossense". *Boletim Geográfico*, 15 (138):308-310, mai.-jun. (Rio de Janeiro, IBGE-CNG), 1957.

GUERRINI, V. *Bacia do Alto Rio Paraguai. Estudo Climatológico*. Brasília, EDIBAP/SAS, 1978.

HIROOKA, Suzana S. *Sítios Arqueológicos e a Paisagem na Serra do Currupira, Província Serrana Paraguai-Araguaia, Rosário Oeste, Mato Grosso*. Porto Alegre. Dissertação (mestrado em Arqueologia) – PUC-RS, 159 pp., 1997.

HOEHNE, F. C. "O Grande Pantanal de Mato-Grosso". *Boletim Agrícola de São Paulo*, 37:443-470, 1936.

HOLZ, R. K. et alii. "South America River Morphology and Hydrology". In: APPOLO SOYUZ TEST PROJECT. *Summary Science Report*. Washington, DC, NASA, pp. 545-594, 1979.

INAMB. *Relatório sobre Mortandade de Peixes: Destilaria de Álcool*. Campo Grande, MT, Inamb, 1979.

_____. *Relatório Técnico sobre Mortandade de Peixes no Rio Coxim*. Campo Grande, MT, Inamb, 1982.

_____. *Relatório Técnico sobre Mortandade de Peixes no Córrego Jenipapo*. Campo Grande, MT, Inamb, 1984.

_____. *Relatório Técnico sobre Mortandade de Peixes. Destilaria de Álcool*. Campo Grande, MT, Inamb, 1985.

_____. *Relatório Técnico sobre Queimadas no Rio Miranda*. Campo Grande, MT, Inamb, 1986.

INNOCÊNCIO, N. R. *Geografia do Brasil. Região Centro-Oeste*. IV: *Hidrografia*. Rio de Janeiro, Fundação IBGE, pp. 85-112, 1977.

KUX, H. J. H.; BRASIL, A. E. & FRANCO, M. do S. M. "Geomorfologia". In: PROJETO RADAMBRASIL. *Folha SD.20 Guaporé*. Rio de Janeiro, Ministério de Minas e Energia, DNPM, pp. 25-160. (Levantamento de Recursos Naturais, 19), 1979.

LASA. ENGENHARIA E PROSPECÇÕES S.A. *Levantamento Fotogeológico e Geoquímico do Centro-Oeste de Mato Grosso, Vale do Rio Jauru e Adjacências*. Rio de Janeiro, DNPM (Relatório do Arquivo Técnico da DGM, 153), 1968.

LEVERGER, A. "Roteiro da Navegação do Rio Paraguay desde a Foz do Rio Sepotuba até a do Rio São Lourenço". *Revista Trimensal do Instituto Histórico e Geográphico e Ethnográphico do Brasil*, 25:287-330 (Rio de Janeiro), 1862.

LISBOA, Miguel Arrojado. *Oeste de São Paulo, Sul de Mato Grosso. Geologia, Indústria Mineral, Clima, Vegetação, Solo Agrícola. Indústria Pastoril*. Rio de Janeiro, Typographia do Jornal do Commercio, 1909.

LOUREIRO, R. L. de; SOUZA LIMA, J. P. de & FONZAR, B. C. "Vegetação". In: PROJETO RADAMBRASIL. *Folha SE.21 Corumbá e Parte da Folha SE.20*. Rio de Janeiro, Ministério de Minas e Energia, pp. 329-372. (Levantamento de Recursos Naturais, 27), 1982.

MALDI, Denise. "Pantanais, Planícies, Sertões: Uma Reflexão Antropológica sobre Espaços Brasileiros". *Revista Mato-Grossense de Geografia*. Cuiabá, ano 1, n. 0, pp. 74-102, dez. 1995.

MARINS, R. V. *Estudos Limnológicos no Pantanal Mato-Grossense Cuiabá*. Cuiabá, Secretaria de Agricultura, 1980.

MARINS, R. V. & SILVA, V. P. da. *Limnologia de Quatro Lagoas da Região de Barão de Melgaço*. Cuiabá, Centro de Pesquisas Ictiológicas do Pantanal Mato-Grossense, 1978.

MELO, D. P. de; COSTA, R. C. R. de & NATALI FILHO, T. "Geomorfologia". *In*: PROJETO RADAMBRASIL. *Folha SC.21 Porto Velho*. Rio de Janeiro, Ministério de Minas e Energia, DNPM. pp. 185-250. (Levantamento de Recursos Naturais, 16), 1978.

MELO, D. P. de & FRANCO, M. do S. M. "Geomorfologia". *In*: PROJETO RADAMBRASIL. *Folha SC.21 Juruena*. Rio de Janeiro, Ministério de Minas e Energia, DNPM pp. 329-372. (Levantamento de Recursos Naturais, 20), 1980.

MITAMURA, O. *et alii*. "Phsyco-chemical Feature of the Pantanal Water System". *In: Central Brasil. Rio Doce Valley Lakes and Pantanal Wetland*. Nagoya, Japan, Nagoya University, pp. 189-196 (Water Research Institute. Limnological Studies), 1985.

MORELLO, J. H. & ADÁMOLI, J. A. "Subregiones Ecológicas de la Provincia del Chaco". *Ecologia*, 1 (1):29-33, abr. 1973.

MOREMA, Alba A. Nogueira. *Geografia do Brasil. Região Centro-Oeste*, IV: *Relevo*. Rio de Janeiro, Fundação IBGE, pp. 1-34, 1977.

MOURA, Pedro de. "Bacia do Alto Paraguai". *Revista Brasileira de Geografia*, 5 (1):3-38, jan.-mar. (Rio de Janeiro), 1943.

OLIVEIRA, Jorge E. de. "A Ocupação Indígena das Áreas Inundáveis do Pantanal". *In*: EMBRAPA (org.). *Simpósio sobre Recursos Naturais e Socioeconômicos do Pantanal*. (2º, 1996, Corumbá). Resumos... (Brasília, EMBRAPA/SPI, 1996a), p. 194.

ORELLANA, M. M. P. *Estudos de Viabilidade de Controle das Cheias e suas Consequências no Equilíbrio Ecológico do Sistema Pantanal*. Goiânia, PROJETO RADAMBRASIL. (Geomorfologia, Relatório Interno, 39), 1979.

_____. [Informes sobre a Geomorfogênese do Pantanal, ao Projeto Radambrasil]. *Apud* FRANCO, M. do S. M. & PINHEIRO, R. "Geomorfologia". *In*: PROJETO RADAMBRASIL. *Folha SE.21 Corumbá e Parte da Folha SE.20*. Rio de Janeiro, Ministério de Minas e Energia, p. 202. (Levantamento de Recursos Naturais, 27), 1982.

ORIOLI, Álvaro L.; AMARAL FILHO, Zebino P. do & OLIVEIRA, Ademir B. de. "Solos". *In*: BRASIL. PROJETO RADAMBRASIL. *Folha SE. 21 Corumbá e Parte da Folha SD. 20*. Rio de Janeiro. MME, Sec. Geral, pp. 234-270, 1982.

PAIVA, Melquiades Pinto. *Aproveitamento de Recursos Faunísticos do Pantanal de Mato Grosso. Pesquisas Necessárias e Desenvolvimento de Sistemas de Produção mais Adequados à Região*. Brasíllia, EMBRAPA/DDT, 1984.

PASOTTI, Pierina. *Neotectonics of the Pampa Plains*. Rosário, Argentina, Instituto Fisiográfico y Geológico de la Universidad Nacional (Publicación 48), 1974.

_____. "A New Contribution on the Tectonics of 'Pampa Plains'". *Anales del II Congreso Iberoamericano de Geología Económica (Buenos Aires, 1975)*, 3.

PASOTTI, P. & CANOBA, C. "Neotectonics and Lineaments in a Sector of the Argentine Plains". *II International Conference on the New Baseement Tectonic (Newark, Delaware, 1976)*, pp. 435-443, 1976.

PEREIRA, José Veríssimo da Costa. "Pantanal. Tipos e Aspectos do Brasil". *Revista Brasileira de Geografia*, 6 (2):281-285 (Rio de Janeiro), 1944.

POSEY, Darrel A. "Ciência Kayapó: Alternativas contra a Destruição". *In*: OLIVEIRA, Adélia E. de & HAMÚ, Denise (org.). *Ciência Kayapó: Alternativas contra a Destruição*. Belém, Museu Parense Emílio Goeldi, pp. 19-44, 1992.

PRANCE, G. T. & SCHALLER, G. B. "Preliminary Study of Some Vegetation Types of the Pantanal, Mato Grosso, Brazil". *Brittania*, 34:228-251, 1982.

PROJETO RADAMBRASIL. *Levantamento de Recursos Naturais*. XIX; XX; XVI; XVII. Rio de Janeiro, Ministério de Minas e Energia, DNPM (Vários autores. Referentes às folhas de Guaporé, Campo Grande, Cuiabá, Corumbá. Setores de Geologia, Geomorfologia, Pedologia, Vegetação e Uso Potencial do Solo), 1979-1982.

RAMALHO, Ronaldo. *Pantanal Mato-Grossense: Compartimentação Geomorfológica*. Goiânia, CPRM. [Originalmente apresentado ao I Simpósio Brasileiro de Sensoriamento Remoto (São José dos Campos, INPE, 1978)], 1978.

RONDON, Cândido Mariano da Silva. "Chorographia Matogrossense". *Revista do Instituto Histórico de Mato Grosso*, 15 (29-30):95-113 (Cuiabá), 1933.

RONDON, J. Lucídio N. *Tipos e Aspectos do Pantanal*, 1ª ed. Cuiabá, [s.n.], 160 pp., 1972.

ROSS, J. L. S. & SANTOS, L. M. "Geomorfologia". *In:* PROJETO RADAMBRASIL. *Folha SD.21 Cuiabá*. Rio de Janeiro, Ministério de Minas e Energia, pp. 193-256. (Levantamento de Recursos Naturais, 26), 1982.

RUELLAN, Francis. *O Escudo Brasileiro e os Dobramentos de Fundo*. Rio de Janeiro, Universidade do Brasil, Faculdade Nacional de Filosofia, Departamento de Geografia (Curso de Especialização em Geomorfologia), 1952.

SANCHEZ, R. O. *Estudio Geomorfológico del Pantanal. Regionalizaciones, Subregionalizaciones y Sectorización Geográfica de la Depresión de la Alta Cuenca del Rio Paraguai (Brasil)*. Brasília, EDIBAP/UNPA/OEA, 1977.

_____. *Las Unidades Geomorficas del Pantanal y Sus Connotaciones Biopedoclimaticas*. Brasília, EDIBAP/SAS (Estudo de Desenvolvimento Integrado da Bacia do Alto Paraguai), [s.d.].

SÃO MARTINHO, S. M. G. *Contaminação por Mercúrio nas Minerações de Ouro do Pantanal do Poconé*. Brasília, SEMA (mimeogr.), 1985.

SHORT, N. M. & BLAIR JR., R. W. (eds.). *Geomorphology from Space. A Global Overview of Regional Landforms*. Washington, DC, NASA (SP-486) [Referente ao leque aluvial do Taquari. Interpretação de imagem de satélite], 1986.

SICK, H. *Migrações de Aves na América do Sul Continental*. Brasília, CEMAVE (Publicação Técnica, 2), 1983.

SILVA, Tereza Cardoso da. "Contribuição da Geomorfologia para Conhecimento e Valorização do Pantanal". *In: Anais do I Simpósio sobre os Recursos Naturais e Socioeconômicos do Pantanal (UFMS, Corumbá, 1984)*, Brasília, EMBRAPA/DDT/CPAP, pp. 77-90, 1986.

SILVESTRE FILHO, D. F. & ROMEU, N. *Características e Potencialidades do Pantanal Mato--Grossense*. Brasília, IPEA (Série Estudos para o Planejamento), 1974.

SIQUEIRA, Elizabeth M.; DA COSTA, Lourenço A. & CARVALHO, Cátia M. C. *O Processo Histórico de Mato Grosso*, 2ª ed. Cuiabá, UFMT, 151 pp., 1990.

SMITH, Herbert. *Do Rio de Janeiro a Cuiabá. Notas de um Naturalista*. Rio de Janeiro, Typographia da Gazeta de Notícias, 1886.

SOARES, Célia R. A. *Estrutura e Composição Florística de Duas Comunidades Vegetais sobre Diferentes Condições de Manejo*. Pantanal da Nhecolândia, MS. Cuiabá. Dissertação (mestrado em Ecologia) – IB/UFMT, 97 pp., 1997.

SOARES, P. C. "Fotointerpretação Aplicada à Sedimentação Recente na Bacia do Pantanal". I *Simpósio Brasileiro de Sensoriamento Remoto* (São José dos Campos, INPE, 1978), 1978.

STERNBERG, Hilgard O'Reilly. "A Propósito de Meandros". *Revista Brasileira de Geografia*, 19 (4):477-499, out.-dez. (Rio de Janeiro), 1957.

_____. *Relatório sobre a Mortandade de Peixes Ocorrida no Rio Miranda*. Curitiba, PR, Surehma/Ital, 1985.

TRICART, Jean. "El pantanal: un ejemplo del impacto de la Geomorfologia sobre el médio ambiente". *Geografia*, 7 (13-14): pp. 37-50, out. 1982.

Tundisi, J. G.; Matsumura, O. & Tundisi, T. "The Pantanal Wetland of Western Brasil". *In*: *Central Brasil. Rio Doce Valley Lakes and Pantanal Wetland*. Nagoya, Japan, Nagoya University, pp. 177-188 (Water Research Institute. Limnological Studies), 1985.

Valverde, Orlando. "Fundamentos Geográficos do Planejamento Rural do Município de Corumbá". *Revista Brasileira de Geografia*, 34 (1):49-144, jan.-mar. (Rio de Janeiro), 1972.

Veloso, Henrique Pimenta. "Aspectos Litoecológicos da Bacia do Rio Paraguai". *Biogeografia São Paulo*, 7 (IGEOG-USP), 1972.

_____. "Considerações Gerais sobre a Vegetação do Estado de Mato Grosso. II: Notas Preliminares sobre o Pantanal e Zonas de Transição". *In*: *Memórias do Instituto Oswaldo Cruz*, 45 (1):253-272 (Rio de Janeiro), 1947.

Volponi, F. *Seismologic Aspects of the Argentine Territory*. Primeras Jornadas Argentinas de Ingeniería Antisísmica. San Juan, Argentina, 1962.

Weyler, G. *Projeto Pantanal. Relatório Final dos Poços Perfurados no Pantanal Mato--Grossense*. Ponta Grossa, PETROBRÁS, DEBSP, 1962.

_____. *Projeto Pantanal. Relatório Final de Abandono dos Poços SSst-1A-MT (São Bento), FPst-1-MT (Fazenda Piquiri) e LCst-1A-MT (Lagoa do Cascavel)*. Ponta Grossa, PETROBRÁS, DEBSP, 1964.

Wilhelmy, Herbert. "Umlaufseen and Dammuferseen tropischer Tiefland Flüsse". *Zeitschrift für Geomorphologie*, 2:27-54 (Neue Folge), 1958.

A Teoria dos Refúgios e Redutos: Uma Bibliografia Seletiva

Ab'Sáber, Aziz Nacib. *Bases Geomorfológicas para o Estudo do Quaternário no Estado de São Paulo*. São Paulo, FFCL-USP, [ed. do Autor] (Tese de Concurso), 1968.

_____. "Espaços Ocupados pela Expansão dos Climas Secos na América do Sul, por Ocasião dos Períodos Glaciais Quaternários". *Paleoclimas São Paulo*, 3:1-19 (IGEOG-USP), 1977.

_____. "The Paleoclimate and Paleocology of Brazilian Amazonia". *In*: Prance, G. T. (ed.). *Biological Diversification in the Tropics*. New York, Columbia University Press, pp. 41-59, 1982.

_____. "Redutos Florestais, Refúgios de Fauna e Refúgios de Homens". *Revista de Arqueologia* [VII Reunião Científica da SAB], vol. 8, n. 2 (1994-1995). São Paulo, 1995.

Andrade-Lima, Dárdano de. "Present-day Forest Refuges in Northeastern Brazil". *In*: Prance, G. T. (ed.). *Biological Diversification in the Tropics*. New York, Columbia University Press, pp. 245-251, 1982.

Bigarella, J. J. "Variações Climáticas do Quaternário e suas Implicações no Revestimento Florístico do Paraná". *Boletim Paranaense de Geografia*, 10/15:211-231, maio (Curitiba), 1964.

Bigarella, J. J. & Ab'Sáber, A. N. "Quadro Provisório dos Fatos Sedimentológicos, Morfoclimáticos e Paleoclimáticos na Serra do Mar Paranaense e Catarinense". *Boletim Paranaense de Geografia*, 2(5):91 (Curitiba), 1961.

_____. "Palaeogeographische und palaeoklimatische Aspekte des Kaenozoikum im Sud-Brasilien". *Zeitschrift für Geomorphologie*, 8 (3):286-312, 1964.

Bigarella, J. J. & Andrade-Lima, D. de. "Paleoenvironmental Changes". *In*: Prance, G. T. (ed.). *Biological Diversification in the Tropics*. New York, Columbia University Press, pp. 27-40, 1982.

Bigarella, J. J.; Andrade-Lima, D. de & Richs, P. J. "Considerações a Respeito das Mudanças Paleoambientais na Distribuição de Algumas Espécies Vegetais e Animais do Brasil". *In*: *Anais da Academia Brasileira de Ciências*, pp. 411-464 (Suplemento), 1981.

BIROT, Pierre. "Esquisse morphologique de la région litorale de l'état de Rio de Janeiro". *In: Annales de géographie*, 66 (353):80-91, jan.-fév. (Paris), 1957.

BROWN JR., Keith S. "Centros de Evolução, Refúgios Quaternários e Conservação de Patrimônios Genéticos na Região Neotropical: Padrões de Diferenciação em *Ithomiinae (Lepidoptera; Nymphalidae)*". *Acta Amazonica*, 7 (1):75-137, 1977.

_____. "Paleoecology and Regional Patterns of Evolution in Neotropical Forest Butterflies". *In*: PRANCE, G. T. (ed.). *Biological Diversification in the Tropics*. New York, Columbia University Press, pp. 255-308, 1982.

BROWN JR., K. S. & AB'SÁBER, A. N. "Ice-Age Forest Refuges and Evolution in the Neotropics: Correlation of Paleoclimatological and Pedological Data with Modern Biological Endemism". *Paleoclimas São Paulo*, 5 (IGEOG-USP), 1979.

BROWN JR., K. S. & BENSON, W. W. "Evolution in Modern Non-Forest Islands: *Heliconius hermatthena*". *Biotropica*, vol. A, pp. 95-117, 1977.

BROWN JR., K. S.; SHEPARD, P. M. & TURNER, J. R. G. "Quaternaria Refugia in Tropical America Evidence from Race Formation in Heliconius Butterflies". *Proceedings of Royal Society of London*, 187:369-378, 1974.

CAILLEUX, A. & TRICART, J. "Zones phytogeographiques et morphoclimatiques du Quaternaire, au Brésil". *Comptes Rendus de la Société de Biogéographie*, 88-93:7-13 (Paris), 1957.

DAMUTH, J. E. & FAIRBRIDGE, R. W. "Equatorial Atlantic Deep-Sea Arkosic Sand and Ice-Age Aridity in Tropical South America". *Bulletin of the Geologic Society of America*, 81:189-206, 1970.

DESCIMON, H. (ed.). *Biogéographie et Evolution en Amerique Tropicale*. Paris, Laboratoire de Zoologie, Ecole Normal Superieur (Supl. 9), 1977.

EDEN, M. J. "Paleoclimatic Influences and the Development of Savanna in Southern Venezuela". *Journal of Biogeography*, 1:95-109, 1974.

ENDLER, J. H. *Geographic Variation Speciation and Slines*. Princeton, NJ, R. M. May (Monographies of Popular Biology, 10), 1977.

ERHART, Henri. "La theorie bio-rhexistasique et les problems biogéographiques et paleobiologiques". *Comptes Rendus de la Société de Biogéographie*, 288: 43-53 (Paris), 1956.

GRAHAM, A. "The Tropical Rain Forest Near its Northern Limits in Veracruz, Mexico: Recent and Ephemeral". *Boletín de la Sociedad Botánica de México*, 36:13-20, 1977.

_____. "Diversification beyond Amazon Basin". *In*: PRANCE, G. T. (ed.). *Biological Diversification in the Tropics*. New York, Columbia University Press, pp. 78-90, 1982.

GRANVILLE, Jean-Jacques. "Rain Forest and Xeric Flora Refuges in French Guiana". *In*: PRANCE, G. T. (ed.). *Biological Diversification in the Tropics*. New York, Columbia University Press, pp. 159-181, 1982.

HAFFER, Juergen. "Speciation in Amazonian Forest Birds". *Science*, 165:131-137, 1969.

_____. "Entstehung und Ausbreitung nord-andiner Bergvögel". *Zoologische Jahrbücher Systematiks*, 97:30-337, 1970.

_____. *Avian Speciation in Tropical South America*. Cambridge, Mass., Nuttall Ornithology Club (Publication 14), 1974.

_____. "Distribution of Amazon Forest Birds". *Bonner Zoologische Beiträge*, 29:38-78, 1978.

_____. "Quaternary Biogeography of Tropical Lowland South America". *In*: DUELLMAN, W. E. (ed.). *The South America Herpetofauna: Its Origin, Evolution, and Dispersal*. Kansas, Museum of Natural History, pp. 107-140. (Monographies, 7), 1979.

_____. "General Aspects of the Refugia Theory". *In*: PRANCE, G. T. (ed.). *Biological Diversification in the Tropics*. New York, Columbia University Press, pp. 6-24, 1982.

HAMILTON, A. "The Significance of Patterns of Distribution Shown by Forest Plants and Animals in Tropical Africa for Reconstruction of Upper Pleistocene Palaeoenvironment: A Review". *In*: *Palaoecology of Africa, the Surrounding, and Antarctica*, 9:63-97, 1976.

JOURNAUX, A. *Recherches géomorphologiques en Amazonia brésilienne*. Paris, CNRM (Bulletin Centre de géomorphologie de Caen, 20), 1975.

LIVINGSTONE, D. "Late Quartenary Climatic Change in Africa". *Annual Review of Ecology and Systematics*, 6:249-280, 1975.

_____. "A 22.000-year Pollen Record from the Plateau of Zambia". *Limnology and Oceanography*, 16:349-356, 1971.

_____. "Environmental Changes in the Nile Headwaters". *In:* WILLIAMS, M. A. J. & FAURE, Hugues (eds.). *The Sahara and the Nile*. Rotterdam, Balkena, pp. 339-359, 1980.

LIVINGSTONE, D. & KENDALL, R. L. "Stratigraphic Studies of East African Lakes". *Mitteilungen Internationale Vereinigung Limnologie*, 17:147-153, 1969.

MEGGERS, B. J.; AYENSU, E. & DUCKWORTH, R. (eds.). *Tropical Forest Ecosystems in Africa and South America. A Comparative Review*. Washington, DC, Smithsonian Institute Press, 1973.

MOREAU, R. E. *The Bird Faunas of Africa and Its Islands*. New York, Academic Press, 1966.

_____. "Climatic Changes and the Distribution on the Forest Vertebrates in West Africa". *Journal of Zoology*, 158:39-61 (London), 1969.

MÜLLER, Paul. "Vertebratenfaunen brasilianischer Insel als Indikator für glaziale und post-glaziale Vegetationsfluktuationen". *In*: *Abhandlungen der Deutsche Zoologie Geselschaft, (Würzburg, 1969)*, pp. 97-107, 1970.

_____. *The Dispersal Centres of Terrestrial Vertebrates in the Neotropical Realm*. The Hague, Junk. (Biogeographica, 2), 1970.

MÜLLER, P. & SCHMITHOSEN, J. Probleme der Genese südamerikanischer Biota. *In*: *Deutsche Geographische Forschung in der Welt von Heute. Festschrift. E. Gentz*, pp. 109-122 (Kiel), 1970.

NELSON, G. & ROSEN, D. E. (eds.). *Vicariante Biogegraphy: A Critique*. New York, Columbia University Press, 1981.

PETERSON, G. M. *et. alli*. "The Continental Record of Environmental Conditions at 18.000 Years BP: An Initial Evaluation". *Quaternary Research*, 12 (1):47-82, 1979.

PRANCE, Ghillean T. "Phytogeographic Support for the Theory of Pleistocene Forest Refuges in the Amazon Basin [...]". *Acta Amazonica*, 2 (3):5-28, 1973.

_____. (ed.). "Introduction". *Biological Diversification in the Tropics*. New York, Columbia University Press [Proceeds of the Fifth International Symposium of the Association for Tropical Biology (Cacuto, La Guaira, Venezuela, Fev. 8-13, 1979)], 1982.

SARMIENTO, G. "The Dry Plant Formations of South America and Their Floristic Connections". *Journal of Biogeography*, 2:233-251, 1975.

SARMIENTO, G. & MONASTERIO, M. "A Critical Consideration of the Environmental Conditions Associated with the Occurrence of Savanna Ecosystems in Tropical America". *In*: GOLLEY F. B. & MEDINA, E. (eds.). *Tropical Ecological Systems*. Berlin/Heidelberg/New York, Springer, pp. 223-250 (Ecol. Studies, 2), 1975.

SARNTHEIN, M. "Sand Deserts During Glacial Maximum and Climatic Optimum". *Nature*, 272:43-46, 1978.

SARUKHAN, J. "Algunas Consideraciones sobre los Paleoclimas que Afectaron los Ecosistemas de la Planicie Costera del Golfo". *In*: CONACYT. *Reunión sobre Fluctuaciones Climaticas*. México, Consejo Nacional de Ciencia y Tecnología, pp. 197-209, 1977.

SCHALKE, H. J. W. G. "The Upper Quaternary of the Cape Flats Areas (Cape Province, South Africa)". *Scripta Geologica*, 15:1-57, 1973.

SIMBERLOFF, D. S. "Using Island Biogeographic Distributions to Determine if Colonization is Stochastics". *American Naturalist*, 112:713-726, 1978.

SIMPSON-VUILLEUMIER, Beryl. "Pleistocene Change in the Fauna and Flora of South America". *Science*, 173:771-780, 1971.

SIMPSON, B. B. & HAFFER, J. "Speciation Patterns in the Amazonian Forest Biota". *Annual Review of Ecology and Systematics*, 9: 497-518, 1978.

SIMPSON, D. R. "Especiación en las Plantas Leñosas de la Amazonia Peruana Relacionada a las Fluctuaciones Climáticas durante el Pleistoceno". *Congreso Latinoamericano de Botánica (Ciudad de México, 1972). (Resumen)*, 1972.

SINNOT, E. W. "Age and Area and History of Species". *American Journal of Botany*, 11:573-578, 1924.

SMITH, L. B. "Origins of the Flora of Southern Brazil". *Contributions from United States National Herbarium*, 35:215-249, 1962.

STEYERMARK, J. A. "Speciation in the Venezuelan Guayana". *American Journal of Botany*, 34 (Suppl. 29a, Abstract), 1947.

_____. "Relación Florística entre la Cordillera de la Costa y la Zona de Guayana y Amazonas". *Acta Botanica Venezolana*, 9:248-249, 1974.

_____. "Flora of the Guayana Highland: Endemicity of the Generic Flora of the Summits of the Venezuela Tepuis". *Taxon*, 28:45-54, 1979.

_____. "Relationships of Some Venezuelan Forest Refuges with Lowland Tropical Floras". *In*: PRANCE, G. T. (ed.). *Biological Diversification in the Tropics*. New York, Columbia University Press, pp. 182-220, 1982.

STREET, F. A. & GROVE, A. T. "Environmental and Climate Implications of Late Quaternary Lake-level Fluctuations in Africa". *Nature*, 261:385-390, 1976.

TOLEDO, Victor Manuel. "Pleistocene Changes of Vegetation in Tropical Mexico". *In*: PRANCE, G. T. (ed.). *Biological Diversification in the Tropics*. New York, Columbia University Press, pp. 93-111, 1982.

TRICART, Jean. "Division morphoclimatique du Brésil atlantique central". *Revue de Géomorphologie Dynamique*, 9 (1-2), jan.-fév., 1958.

_____. "Existence au Quaternaire de periodes sèches en Amazonie et dans les régions voisines". *Revue de Géomorphologie Dynamique*, 23:145-158, 1974.

TURNER, J. R. G. "Forest Refuges as Ecological Islands: Discretely Extinction and the Adaptative Radiation of Muellerian Mimics". *In*: DESCIMON, H. (ed.). *Biogéographie et evolution en Amerique Tropicale*. Paris, Laboratoire de Zoologie, Ecole Normal Superieur, p. 98 (Supl. 9), 1977.

_____. "How Refuges Produce Biological Diversity? Allopatry and Parapatry, Extinction and Gene Flow In Mimetic Butterflies". *In*: PRANCE, G. T. (ed.). *Biological Diversification in the Tropics*. New York, Columbia University Press, pp. 309-335. (Coment. por John A. Endler. Réplica de J. R. G. Turner), 1982.

VAN ANDEL, T. H.; HEATCH, G. R.; MOORE, T. C. & McGEARY, O. F. R. "Late Quaternary History, Climate, and Oceanography of the Timor Sea, Norwestern Australia". *American Journal of Sciences*, 265:737-58, 1967.

VAN DER HAMMEN, Theodor. "Changes in Vegetation and Climate in the Amazon Basin and Surrounding Areas during the Pleistocene". *Geologie en Mijinbow*, 51 (6):641-643, 1972.

_____. "The Pleistocene Changes of Vegetation and Climate in Tropical South America". *Journal of Biogeography*, 1:3-26, 1974.

_____. "Palaeoecology of Tropical South America". *In*: PRANCE, G. T. (ed.). *Biological Diversification in the Tropics*. New York, Columbia University Press, pp. 60-66.

VAN GEEL, B. & VAN DER HAMMEN, T. "Upper Quaternary Vegetational and Climatic Sequences of the Fuquono Area". *Palaeogeography, Palaeoclimatology, Palaeoecology*, 14:9-92, 1973.

VANZOLINI, Paulo Emílio. *Zoologia Sistemática, Geografia e a Origem das Espécies*. São Paulo, Instituto de Geografia-USP (Série Teses e Monografias, 3), 1970.

_____. "Distribution and Differentiation of Animal Along the Coast and in Continental Islands of the State of São Paulo". *Papéis Avulsos de Zoologia*, 26 (24):281-294 (São Paulo, Museu de Zoologia), 1972.

_____. "Paleoclimates, Relief and Species Multiplication in Equatorial Forest". MEGGERS, B. J.; AYENSU, E. & DUCKWORTH, R. (eds.). *Tropical Forest Ecosystems in Africa and South America. A Comparative Review*. Washington, DC, Smithsonian Institute Press, 1973.

_____. *Paleoclimas e Especiação em Animais da América do Sul Tropical*. São Paulo, ABEQUA [Associação Brasileira de Estudos do Quaternário] (Publicação avulsa, 1), 1986.

VANZOLINI, P. E. & WILLIAMS, E. E. "The Vanishing Refuge: A Mechanism for Ecogeographical Speciation". *Papéis Avulsos de Zoologia*, 34 (23):251-255. (São Paulo, Museu de Zoologia), 1981.

_____. "South American Anoles of the *Anolis chrysoleps* Species Group (*Sauria, Iguanidae*)". *Arquivos de Zoologia*, 19:1-298 (São Paulo, Museu de Zoologia-USP), 1970.

VOGT, J. & VINCENT, P. L. "Terrains d'alteration et de recouvrement en zone intertropicale". *Bulletin du Bureau de Recherches Géologiques et Minières*, 4:2-111, 1966.

WHITMORE, T. C. & PRANCE, G. T. (eds.). *Biogeography and Quaternary History in Tropical America*. Oxford, Claredon, 1987.

WIJMSTRA, T. A. & VAN DER HAMMEN, T. "Palinological Data on the History of Tropical Savannas in Northern South America". *Leidse Geologische Mededeling*, 38:71-90, 1966.

WILLIS, E. O. "Effects of a Cold Wave in an Amazonian Avifauna in the Upper Paraguay Drainage, Western Mato Grosso, and Suggestions on Oscine-Suboscine Relationships". *Acta Amazonica*, 6:379-394, 1976.

Faltam listar nesta relação os trabalhos dos brasileiros Bigarella, Salamuni, Ab'Sáber, Klein, Absy, Andrade-Lima e outros que contribuíram, substancialmente, na preparação das ideias que desembocaram na Teoria dos Refúgios e Redutos. Identicamente, falta listar os trabalhos sobre pólen fóssil e formações superficiais que antecederam a Teoria dos Refúgios e Redutos, tais como as contribuições de Cailleux, Gonzales e Van Hammen, Tricart, Troll, Lehmann, Raynal, Mortensen, Dresch, Macar, Mme. Lefèvre, Mme. Bejeau-Garnier, e Mme. Salgado-Labouriau. Há, ainda, que listar os estudos coletivos editados sob a responsabilidade de diversos cientistas e organizações.

A. N. Ab'Sáber

2
Fundamentos da Geomorfologia Costeira do Brasil Atlântico Inter e Subtropical*

Introdução

No decorrer do século XX, a abordagem conceitual e metodológica da geomorfologia costeira recebeu acréscimos fundamentais. Da simples constatação óbvia de que o litoral é a faixa de contato entre o mar e a terra, passou-se para níveis de consideração muito mais amplos. Por muito tempo, a melhor classificação de Johnson sobre a existência de costas de submersão e costa de emersão, acrescidas de eventuais costas complexas, perdeu validade, porque todas as faixas costeiras do mundo possuem diferentes níveis de complexidade. Existe uma tamanha variedade de fatores que interagem na elaboração de um setor qualquer da borda marítima dos continentes, que acabam por exigir um mergulho nas combinações morfológicas, tectônicas, eustáticas, abrasivas e deposicionais, ocorrentes de setor para setor onde existam modificações explícitas. Mesmo em relação aos casos mais berrantes dos efeitos das ingressões marinhas quaternárias, existe a necessidade premente de realizar um tratamento mais aprofundado dos fatores ou combinações de forças que respondem pela gênese da costa.

Para se compreender melhor a ordem dos fatores interferentes na geomorfogênese e hidrogeomorfologia de um litoral qualquer, um bom partido metodológico situa-se na consideração do espaço total costeiro

---
* Publicado originalmente em *Revista Brasileira de Geomorfologia*, 1 (1):27-43, 2000.

que envolve, sempre, a faixa que se estende da linha de costa até a retroterra costeira. Devido a essa ampliação do espaço-objeto de estudo, estamos mais preparados para retraçar a sequência dos fatos acontecidos, na zona costeira, ao longo do Quaternário, o que nos permite dizer que os litorais, na sua aparente simplicidade paisagística e na sua dinâmica habitual, exigem considerações similares, ou até mais complexas, às dos espaços interiores, já que eles envolvem sérias questões relacionadas com as variações do nível do mar, paleoclimas e história vegetacional. Ou seja, o litoral, tal como outras áreas dotadas de paisagens ecológicas, pode ser considerado sempre como uma herança de processos anteriores, remodelados pela dinâmica costeira hoje prevalecente.

É por todas essas razões que o alongado litoral brasileiro, disposto em uma posição intertropical e pró-parte subtropical, conserva uma importância muito grande para que se possa desvendar a participação individualizada de processos interferentes na complexa gênese de seus diversos setores, do Amapá ao Rio Grande do Sul.

Nesse contexto de metodologia e visualização pode-se afiançar que os litorais constituem-se em zonas de contatos tríplices: terra, mar e dinâmica climática. Sem falar dos notáveis mostruários de ecossistemas que se assentam e diferenciam no mosaico terra/água existente no espaço total da costa, incluindo *estirâncios* de praias arenosas, detritos calcáreos ou manguezais frontais; costões e costeiras; grutas de abrasão e ranhuras basais de diferentes aspectos; restingas isoladas ou múltiplas, lagunas e lagos fragmentados por deltas intralagunares; deltas e barras de rios, de diferentes potenciais de transporte e descarga sedimentária; campos de dunas de pelo menos três épocas de formação durante o Quaternário Superior; mangues frontais e mangues de estuários, canais estreitados ou em pequenas enseadas em bordas de lagunas; recifes areníticos, eventualmente servindo de suporte para colônias de corais; velhas linhas de costas submersas a dezenas de metros na plataforma continental; paleoleitos de rios preservados parcialmente no interior de baías e recôncavos; *canyons* submarinos seccionando raros trechos da plataforma submarina costeira; enfim, uma parafernália de *acidentes*, diferencialmente agrupados setor por setor, de significância fisiográfica e ecológica.

Para efeito de primeira abordagem – independentemente de uma identificação mais detalhada de setores e subsetores – a face atlântica do país pode ser classificada geomorfologicamente por seis grandes setores. A saber: 1. Litoral Equatorial e Amazônico; 2. Litoral Setentrional do Nordeste; 3. Litoral Oriental do Nordeste; 4. Litoral Leste; 5. Litoral Sudeste; 6. Litoral Sul.

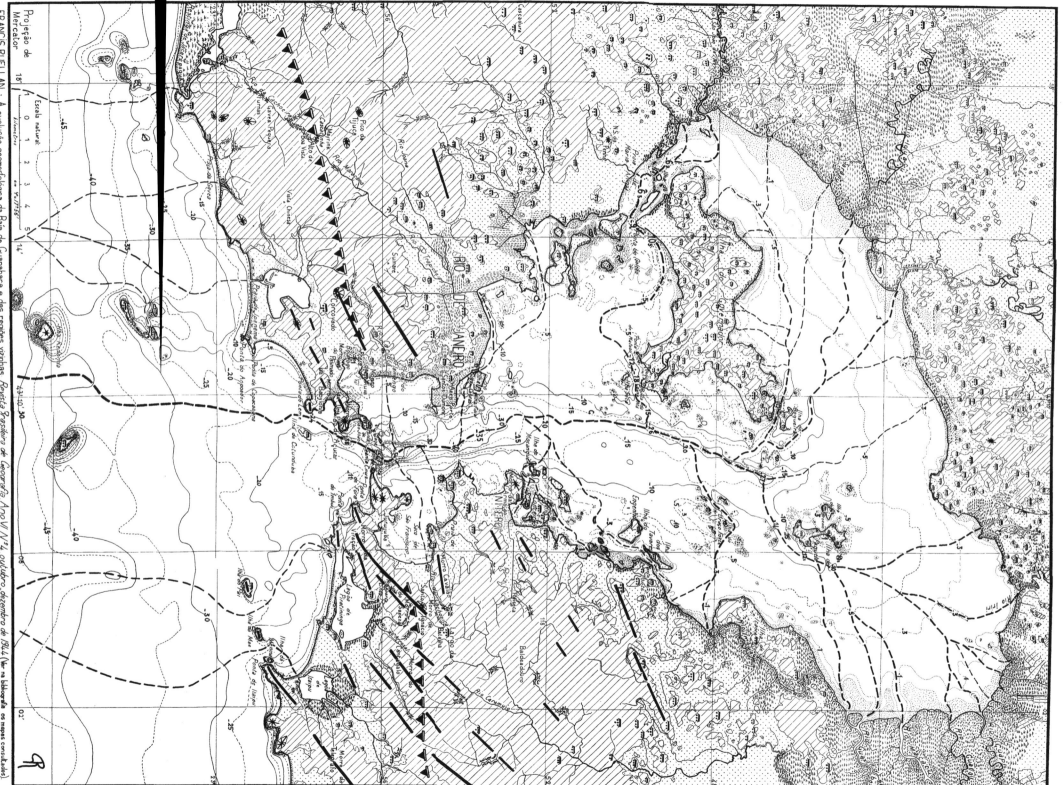

A bibliografia especializada existente para o estudo e compreensão da geomorfologia e hidrogeomorfologia desses importantes setores maiores da região costeira brasileira ainda é muito fragmentária e cientificamente desigual. No estudo de Francis Ruellan, referente ao núcleo principal da costa sudeste brasileira, intitulado "A Evolução Geomorfológica da Baía de Guanabara e Regiões Vizinhas" (1944), foi incluída uma importante bibliografia sobre o litoral fluminense e seu entorno, envolvendo o setor da costa brasileira que se estende do baixo vale do rio Doce até à Guanabara e Angra dos Reis. Tanto pela sua colaboração científica original, quanto pelo rastreio de documentos cartográficos e de literatura específica, o estudo de Ruellan tornou-se um marco e uma referência para a geomorfologia litorânea brasileira. Subsequentemente, estendendo-se por toda a segunda metade do século XX, sucederam-se trabalhos sobre os mais diversos setores da costa. Existem excelentes trabalhos sobre as ilhas oceânicas brasileiras, da lavra de Fernando Flávio Marques de Almeida, Gilberto Osório de Andrade e Lúcio de Castro Soares. No que se refere aos estudos geológicos e geofísicos sobre a plataforma continental, o conjunto dos estudos providenciados pela Petrobrás (Projeto Remac) – pela sua abrangência e qualidade – constituiu-se em um dos maiores acervos de conhecimentos sobre um importante setor da faixa intracosteira do território brasileiro. Um feito somente comparável ao extraordinariamente bem-sucedido Projeto Radam.

A evolução dos conhecimentos sobre os litorais no Brasil foi lenta e fragmentária. Mais importantes do que os escritos e interpretações foram os registros cartográficos de interesse náutico. Os mapas mais antigos, elaborados no período colonial, já apresentavam registros sobre as profundidades das barras de alguns estuários brasileiros. Na busca de portos seguros, fizeram-se registros sobre os principais ancoradouros naturais para as naus. No interior dos estuários e canais da retroterra, foram registrados os setores dotados de certas condições de navegabilidade e os setores de águas rasas, susceptíveis de uso apenas para pequenas embarcações. Muito mais tarde, principalmente no decorrer do século XX, fizeram-se cartas náuticas detalhadas, por iniciativa da marinha brasileira, projetadas para servir à navegação nacional e internacional, suficientes para orientar o acesso aos portos ou passagens ao longo das águas continentais. Um detalhamento maior teve de ser feito para orientar os projetos de construção de portos modernos e suas instalações essenciais e sucessivas.

No que diz respeito à bibliografia referente ao litoral brasileiro, poucas foram as contribuições de interesse geomorfológico mais explícito. Predominavam esforços de setorização da linha de costa, antevista em mapas de pequena escala, para uma valorização dos pontos ou trechos de mudança de rumo na fachada atlântica do território. Na realidade, a compilação de trabalhos reunidos sob o título de *Continental Margins of Atlantic Type*, editado por F. Marques de Almeida (1976), para a Academia Brasileira de Ciências, cobriu os mais variados setores das margens continentais do Oeste e Leste do Atlântico. Infelizmente, por muitas razões e dificuldades específicas, não foi possível realizar estudos similares endereçados ao conjunto do litoral brasileiro. No momento, o melhor registro da geomorfologia costeira ainda permanece nas 53 imagens de satélites, em falsa cor (Landsat V, bandas 3,4,5), arquivadas no INPE, em Cachoeira Paulista, São José dos Campos. Foi sugerido, com insistência, que as 53 imagens que recobrem a fachada atlântica do Brasil fossem expostas na Exposição Universal de Hannover e, mais tarde, depositadas em uma instituição de pesquisas geológicas ou oceanográficas brasileiras. A ignorância maciça dos que governaram o país no fim do século e milênio preferiu, entrementes, privilegiar apenas um projeto decorativo e clientelesco. Dessa forma, perdeu-se a oportunidade única de mostrar aos europeus e ao mundo a maior faixa de costas tropicais pertencentes a um só e mesmo país.

Antecedendo-se à época de disponibilidade de aerofotos, imagens de radar e satélites, João Dias da Silveira (1950, 1962) publicou trabalhos genéricos sobre as baixadas litorâneas quentes e úmidas e a morfologia costeira. Em cursos universitários e obras didáticas, Aroldo de Azevedo realizou sínteses bem elaboradas sobre a costa do Brasil, dando continuidade às apreciações pioneiras de Delgado de Carvalho (1926, 1927), Raja Gabaglia (1916) e Everaldo Backheuser (1918). Por muito tempo, os levantamentos cartográficos providenciados pela antiga Comissão Geográfica e Geológica do Estado de São Paulo (depois IG) constituíram-se no mais importante acervo documentário sobre um significativo setor do litoral brasileiro: Exploração do rio Ribeira de Iguape (1908) e explorações dos setores norte e sul do litoral paulista (1915, 1920). Os levantamentos aerofotogramétricos de escala favorável criaram condições para um maior detalhamento da região costeira, através dos trabalhos do Serviço Geográfico do Exército, IBGE e Marinha. Pesquisas geográficas significativas, referentes a diferentes setores da costa, foram incentivadas com a criação de cursos de Geografia, Geologia e Oceanografia nas jovens universidades brasileiras, a partir dos fins da década de 1930. Geólogos, engenheiros e sedimentólogos, acrescidos por geógrafos e oceanógrafos, multiplicaram abordagens setoriais ou pontuais sobre a região costeira do país, destacando-se entre eles Alberto Ribeiro Lamego, Fernando F. M. de Almeida, João José Bigarella, Antonio Teixeira Guerra, Ary França, Ruy Ozório de Freitas, Gilberto Osório de Andrade, Olga Cruz. E, entre os colaboradores estrangeiros, Reinhard Maack, Francis Ruellan, Louis Papy, Hanfrit Putzer, Jean Tricart, Karl Arene e J. Damuth.

Algumas observações pontuais de Charles Frederick Hartt (1870), em seu livro *Geology and Physical Geography of Brazil*, deixaram oportunidade para revisões futuras, de interesse para a geografia litorânea. A rasa ranhura de abrasão observada na base do pontão rochoso do Penedo, na Baía de Vitória, foi medida pela primeira vez, apresentando-se a aproximadamente três metros acima do relativamente calmo nível atual das águas da complexa *ria* regional (Tabela 1). Por muito tempo – quase um século – observações similares, em sítios costeiros não tão expressivos quanto a base do Penedo, conduziram a interpretações de que a costa estaria se levantando... No Brasil, até os meados do século XX, não se conhecia nada sobre as variações eustáticas do nível dos mares no Quaternário. Custaram a chegar entre nós as implicações dos movimentos glácio-eustáticos ou as consequências do otimum climático. Ficamos devendo a Francis Ruellan a introdução do conceito de rebaixamento do nível dos mares em períodos glaciais do Quaternário. Na época se falava em um *descenzo* de aproximadamente 34 metros no período pré-Flandriano, identificado atualmente como Würn IV/Wisconsin Superior. Revisões impressionantes de André Cailleux tornaram possível estabelecer que, nessa época glacial terminal do Pleistoceno Superior, ocorrido entre 23.000 e 12.700 antes do presente, o nível geral dos oceanos deve ter sido reduzido de até 100 ou 120 metros. Um fato impressionante, já que os acréscimos de geleiras nos polos e altas montanhas dependeram de um volume de águas marítimas correspondentes a 100 metros multiplicado por 370 milhões de km^2 de área oceânicas. As consequências desse fato foram múltiplas e complexas, envolvendo grupos de acontecimentos inter-relacionados, como a ampliação das faixas costeiras, por dezenas de quilômetros, até a nova linha de costa situada a -100 metros; diminuição pela metade do volume geral das águas marítimas na plataforma continental; prolongamento das correntes frias até baixas latitudes, atuando com maior largura e afastamento, sob temperaturas mais baixas do que hoje, determinando complexas mudanças climáticas, sobretudo nas áreas orientais dos continentes, como foi o caso da face leste do atual território brasileiro (Ab'Sáber,

TABELA 1
Amplitudes Máxima e Mínima de Marés na Costa Brasileira, em Metros

LOCALIDADES	AMPLITUDES	
	Máxima (m)	Mínima (m)
Canal Norte (Rio Grande do Sul)	1,40	0,60
Laguna	1,50	0,40
Florianópolis	1,85	1,53
São Francisco	2,10	1,50
Paranaguá	3,78	
Santos	2,66	1,50
Baía de Guanabara		
em Boqueirão	2,71	
em Brocoió	2,57	
em Imbuí	2,12	
Cabo Frio	2,04	
Vitória	2,20	0,60
Salvador	3,60	
Aracaju	3,25	1,50
Recife	3,10	1,30
Cabedelo	3,42	1,68
Natal	3,83	
Fortaleza	4,20	1,60
Amarração (Luís Correia)	4,36	
São Luís	7,80	
Itaqui (Maranhão)	8,16	
Belém	3,70	2,03

Reproduzido de: Antonio Rocha Penteado, "O Atlântico Sul", em Aroldo de Azevedo, Brasil. A Terra e o Homem. I: As Bases Físicas, 1962, p. 333.

1977). A regressão marinha criou massas de areias descontínuas que, no período posterior, seriam retrabalhadas e transformadas em feixes de restingas, em setores sincopados de lagos ou pequenas enseadas. A corrente fria de Falklands/Malvinas ocasionou uma espécie de *atomização* da umidade, bloqueando sua penetração continente a dentro, ao longo do Brasil tropical atlântico, enquanto as massas de ar equatoriais e tropicais tornaram-se importantes para abranger as grandes áreas hoje disponíveis para sua expansão no espaço total do território. No entanto, devido à muita umidade de leste e ocorrendo diminuição no volume das chuvas de verão, predominaram climas subquentes a duas estações, em um mosaico complexo de distribuição desde a Amazônia ao Brasil Central. Os climas semiáridos nordestinos expandiram-se pelas depressões interplanálticas do Brasil centro-leste e borda norte do Planalto Central, atingindo a depressão pantaneira; e importantes setores dos altiplanos do Brasil Sul e centro da Bacia do Paraná foram semiáridos frios, ainda uma vez sob distribuição climática e biogeográfica complexa. A fragmentação da tropicalidade determinou uma redução das florestas, ampliações dos cerrados para o Norte, expansão das caatingas sob diferentes padrões para o sul, ou mais precisamente para o W-SW e centro-leste. As florestas atlânticas perderam continuidade, permanecendo em *redutos* de vegetação, transformados em *refúgios* de fauna (Teoria dos Redutos e Refúgios). Na faixa da Serra do Mar, as florestas recuaram para a *meia serra*, permanecendo preferencialmente em setores menos íngremes, enquanto a secura costeira subiu um tanto pelos piemontes de esporões menos expostos à atuação dos ventos discretamente úmidos. Nos altiplanos cristalinos do Brasil de Sudeste (Bocaina, Campos do Jordão, rio Verde e importantes trechos da Mantiqueira e alto rio Grande) estabeleceram-se campos frios e estépicos, com redutos de Araucárias. No maciço do Itatiaia, houve presença eventual de gelo/degelo, através de um complexo sistema altitudinal de tipo periglacial. Um fato documentado pela elaboração ou (re)elaboração das *caneluras*. Climas frios anteriores a Würn IV – Wisconsin Superior podem ter agido, com maior intensidade geomorfogenética, respondendo pelos complexos tipos de conglomerados gerados no piemonte do maciço alcalino regional. Um *ring dyque* desventrado por torrentes e erosão fluvial, desde o período de soerguimento da Mantiqueira até a retomada erosiva pós-Bacia do Taubaté (SP) e Bacia de Rezende (RJ). As torrentes de blocos existentes na face interna da Ilha de São Sebastião, assim como os depósitos clásticos grosseiros do baixo rio das Pedras (Cubatão), parecem ter sido originados, também, nos últimos tempos no Pleistoceno Superior. Parece certo que a semiaridez da época foi mais forte ao norte do altiplano da Bocaina, afetando o envoltório das colinas e vertentes de morros, hoje florestados, existentes nas ondulações da Baixada Fluminense e encostas dos morros dispostos abaixo por pontões rochosos (tipo *pães de açúcar*). Um fato que levou Louis de Agassiz e seus discípulos, na década de 1860, a interpretarem açodadamente as *stone lines* regionais como documentos diretos de ações glaciárias. Na época, Agassiz imaginava que no período glacial – então reconhecido como úmido – o clima do mundo teria se reduzido em menos de 15° a 17° de temperatura. A notável revisão efetuada pelo Projeto *Climap*, nos EUA, hoje avalia que a redução das temperaturas médias na face da Terra alcançou de 3° a 4°. Isso, evidentemente, sem maior detalhamento baseado na realidade da compartimentação climática, dependente da compartimentação topográfica e morfológica. Sem falar da complexa zonação climática biogeográfica associada a fatos zonais, azonais e intrazonais, até certo ponto impossíveis de serem reconhecidos e mapeados.

Conhecimentos sobre deltas intralagunares ou deltas de fundo de estuários e canais sublitorâneos foram elaborados por Aziz Ab'Saber (Perizes, no Maranhão; Breves, no Pará), por Hanfrit Putzer (lagoas costeiras de Santa Catarina e do Norte Sul-Rio-Grandense), por J. Tricart e por Alba Gomes, sobre o delta de fundo do paleoestuário do Guaíba.

Estudos múltiplos de setores diferenciados da costa e sua origem foram realizados sobre o Recôncavo Baiano, o setor Alagoas-Sergipe, deltas arqueados do São Francisco e rio Doce. No caso da grande restinga e da Lagoa dos Patos, extremo sul do país, foram realizadas pesquisas detalhadas por professores da Escola de Geologia da UFRGS, sobretudo por Patrick Delaney, Hardy Jost e Villwock.

Recentemente, Olga Cruz (1998) editou um excelente trabalho sobre a Ilha de Santa Catarina. As pesquisas coletivas sobre a Baixada Santista, de iniciativa de Aroldo de Azevedo, ainda hoje constituem um marco da bibliografia da zona costeira do Brasil de Sudeste.

Pesquisadores dos Institutos de Geociências das universidades federais brasileiras desenvolveram pesquisas detalhadas sobre os litorais ou setores da costa em diferentes estados brasileiros (Rio Grande do Sul, Paraná, Rio de Janeiro, Espírito Santo, Bahia, Sergipe, Alagoas, Rio Grande do Norte, Pernambuco, Ceará, Maranhão, Pará e Amapá).

Excelentes estudos hidrológicos e geomorfológicos foram igualmente realizados por técnicos e cientistas do Instituto Oceanográfico e Instituto de Geociências da Universidade de São Paulo.

A universidade gaúcha da cidade de Rio Grande implantou um produtivo centro de pesquisas oceanográficas, enquanto órgãos governamentais e a Aciesp desenvolveram estudos sobre gerenciamento, costeiro e ecossistemas litorâneos e sublitorâneos no Brasil.

O Delta Interior de Breves, na Retroterra de Marajó

A região deltaica interior de Breves/Boiuçu, interposta entre a terra firme de Marajó Ocidental e as Baías de Caxiuanã/Melgaço, área conhecida popularmente por Estreito de Breves, na realidade é um tampão deltaico que assoreou um paleocanal largo, que interligava o Amazonas com o estuário do rio Pará (Baía de Guajará). A nomenclatura popular da região (que designava a transição entre os rios do estuário e a larga Baía de Guajará/Rio Pará) incluía a expressão "Baía das Bocas", equivalente à identificação da frente de um delta, aproximadamente do tipo *birds foot*. As terminações do delta de Boiuçu/Breves documentam uma área de assoreamento deltaico recente, localizada entre uma ilha e o continente, *grosso modo*, similar à baixada de Perizes no Maranhão, ou à baixada Santista na retroterra da Ilha de Santos e São Vicente. Entretanto, a imagem de satélite é um documento didático que possibilita a reconstituição de toda a sequência de episódios ocorridos na região, desde o Pleistoceno Superior até o Holoceno.

Na realidade, as imagens de satélite registram um complexo deltaico da retroterra de uma ilha continental, anteriormente separada dos tabuleiros interiores por um longo canal. Entre 23 mil e 13 mil anos antes do presente (A.P.), quando o mar estava a -100 metros, o rio Amazonas desaguava dezenas de quilômetros à frente de sua atual embocadura. A esse ramo principal, de orientação Oeste-Leste, contrapunha-se um vale escavado em Portel-Anajás, que contornava a porção ocidental de Marajó, e que recebia o baixo vale, então muito escavado, do Baixo Tocantins, seguindo o rumo do rio Pará até além da chamada Baía de Marajó, terminando por entalhar um *canyon* submarino na borda da plataforma continental.

Entre 12.700 e 5.500 anos A.P., o mar iniciou uma subida de nível, que culminou por um alteamento de três metros acima de seu nível médio atual. A penetração firme e larga das águas marinhas, agora volumosas, nos baixos vales estendidos dos rios Amazonas e Pará, respondeu pelo estabelecimento do paleocanal de Breves e as rias anteriores de Portel e Caxiuanã, hoje transformadas em *lagos de terra firme*. Na imagem de satélite fica bem claro que o delta Boiuçu/Breves formou-se após o afogamento dos vales de Portel e Caxiuanã, durante o descenso das águas referíveis ao otimum climático. Por essa razão, pode-se afirmar que o assoreamento deltaico do paleocanal de Breves é bastante recente, tendo no máximo cinco mil anos de processos fluviodeltaicos. Não se pode confundir o delta Boiuçu/Breves com as ilhas rasas de fundo de estuários existentes no interior da Boca Norte do rio Amazonas, entre o Amapá e Marajó. Como, também, há que separar bem o modelo do delta das bocas (Breves/Boiuçu), em relação ao complexo deltaico do Baixo Tocantins.

Convém estabelecer uma rápida visão do estuário do rio Pará, entre a região de Belém e a costa Sul-Sudeste da Ilha de Marajó (1995). Trata-se de um contínuo estuarino que se inicia na Baía das Bocas (Delta de Boiuçu/Breves), prossegue pelo chamado rio Pará, área em que recebe toda a massa de águas do rio Tocantins e inclui uma pequena baía frente a Belém, à altura do emboque dos rios Guamá/Moju/Acará/Capim, passando à alongada boca do complexo estuarino terminal, sob o nome de baía de Marajó. Da baía das Bocas até a frente da Baía de Marajó, decorrem 300 quilômetros de extensão. No emboque principal do rio Amazonas, desde a boca do Xingu até as ilhas frontais do estuário estendido do rio, existe uma distância aproximada de 370 quilômetros, através de diversos agrupamentos de ilhas que se comportam como verdadeiros arquipélagos fluviais de fundo de estuário. O primeiro trecho, que vai das *bocas* do delta de Breves até a Ponta do Flexal, na embocadura do Tocantins, se estende por 125 quilômetros. E daí até um ponto intermediário frontal da Baía de Marajó, existe um eixo de 185 quilômetros. O setor mais homogêneo do fundo do estuário do rio Pará é o que se estende da Baía das Bocas até as proximidades de Curralinho; daí por diante, até a região que antecede a foz do rio Tocantins, existem estrangulamentos forçados pelo dédalo de ilhas e canais de São Sebastião da Boa Vista, onde o estuário, que vinha conservando de dez a onze quilômetros, reduz-se a pouco mais de três quilômetros. Para se avaliar o acréscimo de águas inserido pelo Tocantins no estuário do rio Pará e Baía de Marajó, é importante registrar que, na foz, o rio apresenta mais de 23 quilômetros de largura.

Deixando à parte tais dimensionamentos, é possível caracterizar os diferentes níveis de terras baixas existentes nos bordos do estuário do rio Pará e Baía de Marajó. O mais baixo nível de sedimentação corresponde às ilhotas frontais arenosas do delta estuarino do Tocantins, representado por sedimentos fluviais, do padrão da Ilha Araraim. Depois, bem mais à frente, segue-se o padrão de sedimentação fina existente no delta interno, formado por tríplice confluência dos rios Guamá, Moju e Acará, em uma área já dominada por florestas de várzea, tipicamente amazônicas. Logo acima, segue-se o nível de baixos terraços de Icoaraci, localmente sustentado por cascalheiras, ocorrentes na região de Belém e borda leste de Marajó. A partir desse nível de legítimos terraços, passa-se em altura para a superfície aplainada de Anajás, que abrange toda a metade ocidental de Marajó, onde se projetam rios e igarapés para noroeste, oeste, sul e sudeste, na direção da Ilha de Anajás/Charapucu e Baía do Vieira Grande, delta interno do Breves/Boiuçu e rio Pará. A superfície de Anajás, tal como ora a designamos, está muito bem representada na porção central do sítio de Belém do Pará, assim como nos altos da região de Mosqueiro, e, parcialmente, no alinhamento das paleoilhas ocorrentes desde a Ponta de Pedras até Salvaterra, na margem leste de Marajó.

As planícies alagáveis, lagos e tesos que se estendem desde o rebordo central do bloco de Anajás até o canal sul e o litoral atlântico constituem a mais complexa área de sedimentação recente da Amazônia. É possível que o Tocantins tenha tido um braço de penetração antiga entre Muaná e Ponta de Pedras. É quase certo que o lago de Santa Cruz do Arari tenha sido uma enseada holocênica, fechada por restingas progressivas de um velho litoral. As eventuais terras firmes centrais, denominadas genericamente por tesos, podem ter sido bancos rasos de siltes, areias e argilas, anteriores à fase de colmatagem recente que gerou as planícies inundáveis do Araguari e do Marajó.

O mosaico dos ecossistemas constituído nas terras firmes e planícies alagáveis de Marajó, Belém-Mosqueiro e Guamá-Moju é extremamente variado em termos de suportes ecológicos, constituição biótica e funcionalidade. Nos diferentes compartimentos rasos da região, podem ser detectadas florestas densas, de terras firmes insulares ou continentais (Anajás-Belém); florestas de várzeas em planícies aluviais ou deltaicas (Guamá, Moju e Acará e delta interno Guamá--Moju); campos submersíveis e faixas de aningais (Marajó); campinas, campinaranas e veredas campestres psamófilas (Moju, Bragantina); e, por fim, ecossistemas de mangues na margem direita da baía de Marajó. Nas veredas arenosas da região Bragantina destacam-se florestas galerias amarradas a faixas centrais de planícies, onde houve retrabalhamento de areias e inserção de *terra lixo*, em diques marginais. Já na transição do bloco de Anajás para os campos submersíveis de Marajó, em uma faixa SE-NW que se estende desde os arredores de Muaná até as proximidades de Chaves, ocorre um ecossistema de palmáceas e bosques diferenciados. Os retalhamentos do bloco de Anajás – nesta linha, *grosso modo,* sul-norte, de separação, ocorrente no centro de Marajó – constituem o documento da mais interiorizada linha de costa holocênica da grande ilha. A segunda linha de costa ficou incluída no bordo oriental do lago de Santa Cruz do Arari. Os entalhes da retroterra mais interiorizados devem corresponder ao otimum climático (5 mil a 6 mil anos A.P.), enquanto o bordo oriental da Baía de Santa Cruz deve ter sido gerado em uma costa rasa, há pelo menos 3 mil anos A.P.

É importante (re)visar o caso do delta estuarino da embocadura do Amazonas, construído no largo vão fluvial que separa o oeste de Marajó das colinas e planícies ribeirinhas do Amapá. Trata-se de um dos mais gigantescos complexos deltaicos estuarinos da face da terra. Da pequena Ilha Galhoão (NNE de Marajó) até a Ponta do Jupaú no Amapá (ao sudoeste da Ilha Curuá) medeiam 180 quilômetros, passando pela frente dos três canais que constituem a embocadura do rio Amazonas: Canal Norte, Canal Perigoso e Canal Sul.

Observado com maior detalhe, o complexo deltaico estuarino do Amazonas – excluído o delta tampão existente entre Marajó e Portel e Baía das Bocas – apresenta quatro agrupamentos de ilhas, a partir da embocadura do Xingu e das ilhas Urucuricáia e Grande de Gurupá. Ainda que a título provisório, designamos os subconjuntos insulares estabelecidos no largo estuário, segundo a seguinte classificação: 1. Tampão deltaico estuarino do conjunto Gurupá-Queimada, entre os quais ocorre um dédalo de ilhas de porte médio a pequeno, espremidas entre a Baía do Vieira Grande, Canal do Sul e o Canal do Norte; 2. Subdeltas engastados dos rios Jacaré e Anajás/Charapucu (setor Oeste e Nordeste de Marajó); 3. Ilhas frontais recentes, geradas por sedimentação argilosa, a partir de retalho ou pequenos núcleos do baixo terraço de Belém-Marajó, com acréscimos de planícies alagáveis costeiras e a pequena banda de manguezais de todo o arquipélago estuarino. A imagem de satélite exibe claramente a ocorrência de pequenas depressões lacustres colmatadas, embutidas nos terraços rasos florestados (ilhas Queimada ou Serraria e Gurupá Grande). Na Ilha de Mexiana escalonam-se duas apertadas linhas de costas, após o corpo principal do terraço, sendo que a mais frontal das barrancas de abrasão inclui uma faixa terminal de planícies de marés (manguezal). Pequenas e sincopadas depressões lacustres, parcialmente colmatadas, restaram entre a barranca do terraço principal e o reverso do terraço de construção marinha.

A massa de água doce projetada pelo Amazonas no Atlântico, incluindo grandes volumes de argilas e siltes, impede de certa forma a existência de manguezais, devido à baixa salinidade do *Mar Dulce*. Os verdadeiros trechos de planícies de marés com *mangrove* acontecem no litoral amapaense, a partir do Canal e Ponta do Bailique e costa da ilha de Vitória, borda Atlântica. Após a interrupção existente na margem esquerda do rio Araguari, onde predominam sedimentos aluviais descartados da área de emboque recurvo, estende-se o único trecho de manguezais mais expressivos no quadrante nordeste do delta do Araguari. Na ilha de Maracá, ocorrem pequenas faixas de mangues a sudeste e noroeste; assim como ao longo do chamado Canal do Inferno, que biparte o corpo da ilha. Desde o Canal de Parapaporis até o ponto de início das largas faixas de restingas do Cabo Cassiporé e Cabo Orange, existem pequeninas reentrâncias com mangue, as quais cedem espaço para uma longa faixa de planícies fluviomarinhas. No Oiapoque, as baixadas fluviomarinhas interpõem-se entre as restingas arenosas e uma paleolinha de costa extremamente recortada, talvez esculpida por abrasão durante o otimum climático.

O Baixo Vale do Rio Ribeira e o Sistema Lagunar Estuarino de Cananeia-Iguape

Na história geomorfológica e marinha da região costeira sul do Estado de São Paulo, sucederam-se fases evolutivas de diferentes ordens de grandeza temporal e espacial. Em uma síntese despretenciosa, e em caráter de primeira aproximação, registramos os seguintes eventos que marcaram a história fisiográfica da região. Na elaboração desse pequeno ensaio de macrogeomorfologia, centrado no conjunto de fatos inscritos na província costeira sul de São Paulo, tomamos por base os trabalhos de Fernando de Almeida, Ruy Ozório de Freitas, João José Bigarella e Aziz Ab'Sáber.

Tudo se iniciou com a separação entre os dois blocos principais do continente afro-brasileiro (Terra de Gondwana), de terrenos cristalinos semiaplainados, dispostos em nível tectônico relativamente baixo. No Cretáceo Superior, logo após à atuação da tectônica de placas e penetração das águas do Atlântico Sul entre a África e o Brasil, houve o estabelecimento de duas áreas de sedimentação, totalmente opósitas, separadas e distintas: a Bacia do Grupo Bauru, na porção norte da Bacia do Paraná (fácies lagunar e fluviolacustre) e da fossa da chamada Bacia de Santos na plataforma continental, a leste de uma área de falhamentos escalonados (fácies predominantemente marinhas). Linhas de falhas escalonadas, paralelas à fossa submarina da plataforma, prenunciam a formação da Serra do Mar. Ao fecho da sedimentação cretácica, rios longos se dirigem para o Paraná – em um esquema de superimposição hidrográfica pós-cretácica –, enquanto rios curtos se dirigem para a frente marítima, passando a realizar dissecações progressivas, por erosão fluvial remontante. A história geológica regional comportou um esquema dinâmico de soerguimentos epirogênicos, de desigual força de elevação, aplicado a um conjunto litológico de rochas metamórficas pouco resistentes (em faixas NE-SW), enquadradas por maciços de rochas duras situadas nas mais diversas posições. Foi nessa conjuntura que se processou um dos mais interiorizados recuos das escarpas da Serra do Mar, avaliado em oitenta quilômetros da linha de costa atual, enquanto eram gerados esporões subparalelos, em uma larga treliça de vales subsequentes, acrescidos de pequenos e médios vales, incisos em linhas de fraturas tectônicas ou em linhas de falhas. No modelo de *horsts* típicos, restaram alguns maciços costeiros isolados da serra e seus esporões, transformados em ilhas montanhosas nos períodos de máxima ingressão das águas marítimas. Epirogênese continuada, períodos de tectônica quebrável penecontemporâneos ao soerguimento da Serra da Mantiqueira e Planalto Atlântico, intermediando a Fossa do Médio Paraíba. Aplainamento de nível intermediário inferior (modelo cimeira do Maciço de Monte Serrate–Santa Terezinha) atingindo vales interesporões, morros e setores de maciços insulares. Uma flexura continental envergando essa superfície de aplainamento, talhada em rochas cristalinas, na direção do Atlântico, comportando possíveis falhamentos (neotectônica).

Após todos esses acontecimentos geológicos, estimuladores de processos erosivos, ocorreu a deposição da Formação Pariquera-Açu, na faixa de transição entre o médio e o baixo vale atual do Ribeira. Os sedimentos poupados na retroterra da província costeira sul têm muita afinidade com a formação superior do Grupo Barreiras, com a diferença de haver interestratificações de cascalhos fluviais gerados nos setores do médio e alto vale do Ribeira (Mello, 1990, 1994). Na época da sedimentação sublitorânea dos aludidos depósitos, a linha de costa deveria estar bastante distante: os depósitos se estendendo bem além de suas terminações atuais. Ao terminar essa sedimentação neogênica (pliocênica ou pliopleistocênica), durante períodos de mudanças climáticas e erosivas mais ou menos bruscas, ocorreu um novo levantamento epirogênico, que redundou em encaixamento do rio Ribeira e seus afluentes até o nível dos baixos terraços cascalhentos quaternários. Dessa forma, ficou preparado o anfiteatro costeiro que iria receber regressões e transgressões marinhas pleistocênicas e holocênicas, responsáveis pelo complexo quadro do sistema lagunar estuarino da região. Não se sabe muita coisa sobre o que teria acontecido, entre 130 mil e 23 mil anos A.P., na linha de costa quaternária do baixo vale do Ribeira. Existem indícios de que, ainda no Pleistoceno Superior, o mar esteve encostado a alguns maciços costeiros resistentes, situados entre a depressão costeira interna e a região que mais tarde iria asilar os sucessivos feixes de restingas e lagunas regionais. Sedimentos arenosos existentes na base dos maciços cristalinos – hoje colocados em posição sublitorânea – indicariam um nível marinho de dez a doze metros mais elevado do que o corpo principal das restingas de Cananeia-Iguape. Trata-se de uma ocorrência a ser (re)visitada.

Existe, porém, muito maior certeza de que, entre 23 mil e 12.700 anos A.P., as águas do mar tenham descido regressivamente para menos de cem metros, facilitando a extensão de rios de porte médio por alguns caminhos na plataforma exposta. Nessa fase de rios e riachos estendidos, os cursos d'água entalharam a plataforma, por erosão regressiva, através de traçados diversos. O rio Trepandé/Cananeia talhou a borda sul da região, através de traçado transversal, de certa forma preparando para a futura ingressão marinha, no modelo Paranaguá-Guaraqueçaba.

A Gênese das Restingas e o Encarceramento Relativo do Baixo Ribeira

Ao fim do Pleistoceno, segundo tudo indica, ficou elaborado o quadro paleogeográfico que iria receber as consequências das transgressões marinhas holocênicas. A nordeste, formou-se um lagamar de águas não muito fundas. Morros e morrotes ilhados emergiam no entremeio das águas salinas. Ao embaiamento topográfico sucedeu-se o embaiamento marítimo costeiro. A retroterra era complexa, comportando colinas, esporões de serrinhas (a NE) e altos maciços (a SW). O Ribeira embocava no lagamar, aproximadamente na região de Registro. Rios menores atingiram a complexa baía rasa por todos os quadrantes, desde sudoeste até o piemonte da Serra dos Itatins. Mais à frente, ainda uma vez de SW para NE, ocorria um sincopado alinhamento de serrinhas e blocos montanhosos, transformados em paleoilhas (Cardoso, Iguape, Jureia).

Nos largos espaços existentes entre esses maciços salientes porém não muito elevados, existem enseladuras rochosas submersas, provavelmente irregulares. Quando o nível do mar baixou a -100 metros, por processos glácio-eustáticos, alguns rios provenientes do principal embaiamento topográfico devem ter tido dificuldades para entalhar e se estender até a recuada linha de costa (Würn IV – Wisconsin Superior), como o ribeirão Paratiú que cruza a restinga intermediária, separando a extremidade norte da Ilha de Cananeia e a cauda sul da Ilha do Nanaú, atingindo a laguna do Mar Pequeno ou Iguape. Entre o esporão do Paratiú, e o de Itapuá, existe uma pequena enseada onde deságuam diversos ribeirões curtos: um deles tem o nome significativo de Ribeirão do Esteiro do Morro. A expressão *esteiro*, que ao longo do tempo perdeu força na língua portuguesa, foi corretamente aplicada à reentrância costeira existente entre os esporões da Serra. Trata-se, evidentemente, de um topônimo residual, de origem ibérica. Os dois rios de médio/baixo porte que margeiam o bloco serrano regional são o Iririáia-Mirim, que deságua diretamente na laguna denominada Mar de Dentro ou de Cubatão, e o rio do Cordeiro, que fica parcialmente encarcerado pelo setor de restinga da chamada Ilha de Nanaú, e conseguiu desaguar diretamente no Mar Pequeno ou de Iguape. O baixo rio Cordeiro, vindo de Oeste, e o ribeirão Subaúma, vindo de Nordeste, perfuram o eixo da alongada Ilha Grande–Ilha de Nanaú, criando uma pequena enseada engastada, na qual se estendeu um minúsculo delta estuarino, recortado por sinuosas gamboas.

Opondo-se ao esquema de *bolsão* adentrado, onde iria se instalar o baixo Ribeira, a compartimentação topográfica era totalmente diferente a Sudoeste, onde hoje estão as diversas restingas intermediadas por lagunas. Nessa área, serranias e blocos rochosos resistentes, oriundos de falhas NE-SW, complementadas por linhas tectônicas transversais ou oblíquas, criavam paredões íngremes avançados na retroterra do espaço que receberia transgressões e regressões marinhas no Pleistoceno e Holoceno.

O bloco mais avançado das serranias sublitorâneas distam apenas seis quilômetros da linha de costa atual, envolvendo três esporões maciços (NW-SE), separados por vales de pequenos rios e torrentes. Os nomes tradicionais dos esporões serranos incluem termos tupis e portugueses: Serra do Cordeiro (250-515 m), Serra do Paratiú (200-690 m), Serra do Itapuã (175-500 m). O conjunto de tais serras florestadas tem um nítido contorno quadrangular (7,5 x 8,5 km), sob eixos NW-SE e NE-SW. Trata-se de um *horst* que, na falta de um nome mais expressivo, pode ser designado por *horst* da Serra do Cordeiro.

A restinga da Ilha Grande/Iguape, que é muito estreita na barra do Subaúma (300-500 m de largura), ganha corpo na direção do maciço de Iguape, em cujas proximidades atinge larguras de cinco a seis quilômetros. Antes da escavação da *valeta cabocla* que deu origem ao Valo Grande, a aludida restinga encarcerava o trecho inferior do Baixo Ribeira, obrigando o rio a desaguar ao norte do maciço de Iguape, pelo lado de *dentro*, deslocando sua foz para a chamada Barra do Ribeira. Por sua vez, o Valo Grande executou uma captura ponderável das águas fluviais do Baixo Ribeira para o Mar de Iguape, e por extensão, com saída na Barra de Icapara. Disso tudo resultou que a restinga intermediária, cujo eixo se estende desde Cananeia até Iguape, pela intervenção de processos naturais e artificiais, ficou fragmentada em quatro setores: setor Ilha de Cananeia, setor Ilha de Nanaú, setor Ilha Grande-Valo Grande, e, finalmente, setor Valo Grande–Maciço de Iguape. Tudo leva a crer que, antes da formação dos setores primários, as restingas da Ilha Grande, havia uma passagem para ingressão das águas marinhas no interespaço situado entre o maciço do Iguape e o bloco da Serra do Cordeiro. O fechamento dessa enseadura costeira obrigou o Baixo Ribeira a deslocar-se para o Norte, indo desaguar na chamada Barra do Ribeira, contornando por trás o maciço de Iguape. É de se notar que outras enseladuras, que facilitaram a penetração dos mares quarternários, ocorriam entre o maciço de Iguape e o bloco da Jureia, seguidas de um outro setor, que se estendia da Jureia ao maciço de Peruíbe. A retilinização por restingas, nesses dois setores, foi bem mais tardia do que o cordão de areias da Ilha Grande/Iguape e, certamente, contemporânea da restinga da Ilha Comprida. No Pleistoceno Superior e, sobretudo, durante uma boa parte do Holoceno, os maciços de Iguape, Jureia e Peruíbe eram ilhas montanhosas, posteriormente incorporadas à linha de costa. Trata-se de uma fase de retilinização costeira, que escondeu ponderavelmente as irregularidades e complexidades do relevo da retroterra regional desde os Itatins até Cordeiro e o alinhamento retraído da Serra do Itapitangui, na fronteira do Paraná. Preferimos designar esse período terminal de retilinização por restingas subatuais, com a expressão: "Fase *praias grandes*/Ilha Comprida".

Significado Geológico-Geomorfológico dos Três Feixes de Restingas do Bordo Sul do Sistema Lagunar

Na reentrância existente entre o bloco da Serra do Cordeiro e o alinhamento do maciço do Itapitangui e seus prolongamentos, houve condições para se formar uma restinga soldada nos sopés das serranias, seguida pela laguna do Mar de Dentro (ou de Cubatão), a Ilha de Cananeia, o Mar de Fora (ou de Cananeia) e, finalmente, a longa restinga da Ilha Comprida, cuja frente está diretamente voltada para o oceano Atlântico. Essa sequência de cordões arenosos, separados por lagunas, apresenta sérios problemas de gênese e datações geológicas. Por algum tempo, preferiu-se considerar a restinga mais interna e a ilha de Cananeia como sendo do Pleistoceno e a restinga da Ilha Comprida, como sendo parcialmente do Pleistoceno e parcialmente do Holoceno. Existem indícios de que as formações mais interiores, constituídas por pequenos depósitos arenosos suspensos e cordões de areia de piemonte, hoje camuflados pela ação de córregos saídos das escarpas de morros cristalinos, sejam efetivamente do Pleistoceno. Entretanto, permanecem dúvidas de que o corpo principal das três restingas seja uma herança de um período de mar alto do Pleistoceno Superior, alternado por transgressões e regressões de pequena amplitude.

A planície lagunar de Cananeia-Iguape é o império das alternâncias costeiras entre restingas e lagunas, rigidamente orientadas de nordeste para sudoeste. Na região de Cananeia, após a Ilha Comprida, sucede-se o Mar de Fora de Cananeia, a Ilha de Cananeia, o Mar de Dentro ou de Cubatão; e, por fim, a Restinga Interior, separada da retroterra cristalina por córregos e pelo embrião de laguna do baixo Itapitangui. As terminações das restingas e as águas das três lagunas vinculam-se a Baía de Trepandé, a qual, por sua vez, é a primeira de uma série de baías transversais ao eixo da linha de costa, existentes no Paraná (Paranaguá, Guaraqueçaba) e em Santa Catarina (São Francisco, Antonina, Itajaí).

No extremo sul, o conjunto das restingas e lagunas adentra-se por treze quilômetros, desde a Praia de Fora da Ilha Comprida até os sopés do maciço do Itapitangui. Ao centro, devido à avançada da Serra do Cordeiro, a planície se reduz a uma faixa de apenas 5,5 a 6 quilômetros. E, finalmente, na região do Iguape, após a Ilha Comprida, o Mar de Iguape e a restinga da Ilha Grande de Iguape, estende-se o largo *bolsão* de colmatagem flúvio-aluvial do Baixo Ribeira. Até a construção ou abertura do Valo Grande, o rio Ribeira permaneceu encarcerado na retroterra do maciço do Iguape e a larga faixa de terrenos arenosos da restinga da chamada Ilha Grande.

As duas lagunas existentes no setor sul da planície – Mar de Fora e Mar de Dentro – interligam-se nas proximidades de Subaúma e Pedrinhas, passando a constituir um canal só até a barra de Icapara, de tal forma que o Mar de Cananeia (designado Mar de Fora), apesar de possuir margens ligeiramente mais sinuosas, comporta um eixo contínuo com o Mar de Iguape, desde a barra do Ararapora até Icapara, numa extensão aproximada de 64 quilômetros.

Se é que houve um lago raso ou um lagamar na área hoje ocupada pelo Baixo Ribeira, as águas atlânticas devem ter penetrado pelo vão topográfico existente entre a Serra do Cordeiro e o maciço de Iguape, antes da formação da restinga designada Ilha Grande de Iguape. Outro braço de ingressão marinha rasa certamente foi o vão existente entre o maciço da Jureia e o mencionado maciço de Iguape, tendo permanecido em aberto até mais recentemente. O fechamento do vão Cordeiro-Maciço de Iguape precedeu ao outro, porque o processo de transgressão marinha rasa ficou acoplado com a formação e extensão da restinga da Ilha Grande de Iguape, depois seccionada pela escavação e alargamento do Valo Grande. Ao se formar essa primeira restinga, que praticamente fechou o vão do maciço de Iguape–Serra do Cordeiro, formou-se o lagamar que, após a colmatagem, iria asilar o Baixo Ribeira. O rio, sobreposto ao lagamar assoreado, estendeu-se para o vão situado ao norte do maciço de Iguape, onde hoje se localiza a chamada Praia da Jureia, à frente de uma restinga de gênese tardia. A saída pelo norte do maciço de Iguape deve ter sido facilitada pelo traçado antigo do rio Ribeira, quando ele transpunha obliquamente o eixo do bolsão aluvial através de um leito antigo existente, onde hoje se localizam os rios Vermelho e Peropava (Krone, 1914; Ab'Sáber, 1986). Ao divagar para oeste e tangenciar o bordo interno da restinga da Ilha Grande de Iguape, ficou mais pronunciado o caráter de rio encarcerado, enquanto o paleoleito dos rios Vermelho e Peropava restou na categoria de rio desajustado (*misfit*), sujeito a amplas inundações durante épocas de chuvas e transbordes de exceção (perturbações de *El Niño?*): uma história climático-hidrológica que já envolveu grandes controvérsias relacionadas com os interesses de proprietários rurais e exploradores de turfeiras. Ignorando questões de variabilidade climáticas, fazendeiros e mineradores procuraram explicar as grandes enchentes do bolsão aluvial como decorrentes apenas do fechamento temporário do Valo Grande, exigindo sua reabertura por meio do vão de uma ponte nova, que substituiu a anterior barragem de terra compactada. Mais um episódio da pressão das empreiteiras, com base em argumentos incompletos e escamoteados.

BASES FÍSICAS E BIÓTICAS DO POVOAMENTO PRÉ-HISTÓRICO NO LITORAL SUL DE SÃO PAULO

Desde as primeiras explorações mais sistemáticas enfocando a baixada litorânea sul do Estado de São Paulo, os técnicos e pesquisadores tiveram sua atenção voltada para os locais de ocorrência de sítios do tipo sambaqui. Ao se deparar com as lagunas encarceradas por entre extensas restingas localmente desdobradas, os primeiros pesquisadores, ainda no final do século XIX, até praticamente meados do século XX, procuraram identificar a lógica da posição geográfica dos concheiros de arcaica construção antrópica. Nesta fase houve dois registros de desigual valor científico. Em primeiro lugar aconteceu uma cartografação dos pontos de ocorrência de sambaquis nas alongadas ilhas de restingas da região, fato alvissareiro de pesquisas de campo. E, em segundo lugar, houve um primeiro esforço de interpretação do conjunto dos concheiros artificiais (sambaquis) distribuídos em diversos pontos das restingas regionais. Aludimos ao fato de que se procurou interpretar os diferentes sítios sambaquis como sendo documentos que teriam uma idade tanto mais antiga quanto maior fosse o grau de sua interiorização. Em outras palavras, pensou-se que os sambaquis mais distantes da linha de costa atual seriam os mais velhos. Até então ninguém se preocupara em detalhar a rasa geomorfologia dos terraços de construção marinha ocorrentes nessa porção meridional do litoral paulista. Mais grave do que isso, porém, era a não existência de estudos suficientemente etnológicos e bibliográficos para se fazer uma vinculação entre os sambaquis perilagunares e a pragmática escolha dos antigos habitantes em face das condições bióticas do sistema lagunar estuarino da região. Disso decorreria a dificuldade para interpretação dos primeiros pesquisadores e a ênfase, de alguns deles, para uma interpretação aleatória do grau de antiguidade desses notáveis concheiros naturais do litoral Sul de São Paulo. Um fato, de resto, muito frequente nas mais diferentes áreas do litoral brasileiro, sob condições extremamente diversificadas de sítios geomorfológicos. Pior do que isso, porém, foi o fato de muitos eruditos não estarem afeitos às técnicas de trabalhos de campo da arqueologia pré-histórica. Referimo-nos ao ato de se confundirem concheiros naturais e concheiros artificiais, por décadas de registros teóricos aleatórios.

A segunda fase de referências científicas sobre as ocorrências de montes de conchas, associadas ou não com indícios da presença do homem pré-histórico, foi feita por alguns geólogos que conseguiram distinguir perfeitamente as diferenças essenciais entre uns e outros. Nessa fase, passou-se a falar em concheiros artificiais de valor pré--histórico e em concheiros de acumulação rasos, em praias geradas em níveis de mar pouco diferentes daqueles atualmente dominantes. E a partir dessa diferenciação correta, introduziu-se definitivamente na história das ciências no Brasil a noção de que os sambaquis eram um amontoado de bivalves e conchas assim como de restos arcaicos da cozinha de um determinado grupo humano e, ao mesmo tempo, um lugar que, por razões simbólicas até certo ponto desconhecidas, servia também para enterrar os seus mortos. Nesse período de interpretações, baseadas em bons reconhecimentos de campo, ainda que não sistemáticos, pode-se perceber que os verdadeiros formadores de sambaquis eram grupos filiados a uma cultura de larga participação nos litorais do Brasil Atlântico (pelo menos do Pará ao Rio Grande do Sul). E, mais importante do que isso, no que se refere ao espaço atual do Estado de São Paulo, pode-se identificar, em uma primeira aproximação cronológica, que os grupos sambaquieiros precederam, em diversos milênios, a chegada dos grupos tupi-guarani provenientes do centro do continente. Ainda nessa fase, fez-se uma constatação aproximativa, no sentido de se pensar que foram esses aguerridos homens que, chegados à faixada litorânea, teriam eliminado, escravizado, ou expulso os velhos habitantes das regiões lagunares costeiras; não se descartando também que parte deles poderiam ter sido aculturados pelos grupos tupi-guarani.

Finalmente, graças a uma excelente distinção de campo feito pelo saudoso geomorfologista Antônio Teixeira Guerra (1950), conseguiu-se separar definitivamente aquilo que se constituía em um terraço de construção marinha alongado e arenoso, com a ocorrência de um montão de bivalves e conchas servidas. Os sítios se apresentam em forma de minicolinas isoladas, algumas vezes geminadas, de alturas variáveis, dependendo certamente do número de indivíduos que os formaram, bem como do espaço de tempo ali vivido por esses homens. A partir dessa constatação acerca do tipo de embasamento mais comum que serviu para a implantação de sambaquis, acabaram-se as velhas dúvidas e designações esdrúxulas sobre concheiros naturais e artificiais na costa brasileira. E, sobretudo, iniciou-se uma série de campanhas mais sistemáticas e detalhistas, em que se procurou caracterizar outros tipos de sítios para a construção de sambaquis por parte dos grupos humanos pré-históricos que precederam os tupi-guarani, que souberam selecionar localidades estratégicas para a obtenção fácil e permanente de alimentos ofertados, naturalmente, pelas lagunas e canais costeiros. Baseado nesse conhecimento da extraordinária fertilidade biótica dos sistemas lagunares estuarinos na época de vivência do homem dos sambaquis, pode-se concluir que, em algum momento do Holoceno, a riqueza da ictiofauna do ambiente regional foi certamente maior do que aquela hoje existente. Em outras palavras, as lagunas, os canais, e suas vinculações com os estuários (sobretudo antes da expansão dos grandes manguezais) eram ambientes muito mais adequados para o homem pré-histórico do que as faixas praianas frontais (Ab'Sáber & Bernard, 1953). Fato que nos parece válido para muitos outros setores da costa brasileira onde foram construídos sambaquis.

UMA SETORIZAÇÃO PRÉVIA DO LITORAL BRASILEIRO

1) *Setor Costeiro Norte Amapaense* – Zona de beira de mar, extensivamente colmatada por sedimentos finos (argilas) jogados ao mar pelo Amazonas e devolvidos para a costa pela ação da corrente marítima tropical norte brasileira. Não possuindo praias arenosas, o Amapá tem de apelar para um tipo de ecoturismo fluvial amazônico, envolvendo o Golfão Marajoara e o Baixo Amazonas (e Jari).

2) *Setor Delta do Araguari* – Planície deltaica elaborada pela projeção de sedimentos trazidos pelo rio Araguari, durante o Pleis-

toceno e o Holoceno. Uma das áreas deltaicas mais isoladas e pouco conhecidas do mundo. Um delta arqueado, sujeito aos impactos atuais da sedimentação argilosa, tanto em sua linha de costa quanto em suas reentrâncias. Áreas de campos submersíveis e lagos rasos, de pequeno porte. Na beira norte do delta, localiza-se uma *ilhota de humanidade*: a cidadezinha de Amapá.

3) *Setor Costeiro Sul Amapaense* – Faixa costeira do sudeste do Amapá, fortemente colmatada por sedimentos finos projetados ao mar pela boca norte do Amazonas. Résteas de lodaçais, dispostos na linha de costa, servindo de suporte ecológico para extensos e diversificados manguezais. Em alguns setores, o estirâncio argiloso, que faz o lugar das praias, está sujeito a uma agressiva erosão de bermas praianas, onde estão caídas de troncos de árvores dos mangues costeiros.

4) *Setor Amapá Ribeirinho e Boca Norte do Rio Amazonas* – Faixa lamosa do litoral beiradeiro, da boca norte do Amazonas. Ausência total de praias arenosas. Presença de um ecossistema subaquático arbustivo, funcionando como helobioma de rio lamacento.

5) *Setor Golfão Marajoara/Ilha de Marajó* – Delta interno de Breves e ilhas de deltas desvinculados, de fundo de estuário. Costa de gênese complexa, tanto tectônica, quanto fisiograficamente, assim como pela sua história vegetacional e mosaico de ecossistemas.

6) *Baía da Bocas, Rio Pará, Delta do Tocantins (Abaetetuba e Cametá) e Terraços de Belém-Marajó* [Icoaraci/Belém] – Terraços baixos quaternários, formados anteriormente à grande expansão dos manguezais, existentes na extremidade da boca sul do Amazonas / Setor Breves / Baixo Tocantins.

7) *Setor Rias retomadas por Manguezais, do Nordeste do Pará e Noroeste do Maranhão* – Costa de rias, originada por flutuações marinhas do Pleistoceno inferior ao Holoceno, e retomada recentemente por sedimentos argilosos, nas margens de pequenos estuários e à frente das falésias (barreiras) remanescentes.

8) *Setor Baías de São Marcos e São José do Ribamar, e Ilha do Maranhão* – Paleocanal de Perizes de Baixo (hoje o canal estreitado dos Mosquitos). As duas mais largas rias do setor norte da costa brasileira, originadas pela ingressão marinha holocênica. Na retroterra, os campos e manguezais de Perizes de Baixo documentam a presença subatual de um grande canal, da mesma família do paleocanal de Breves e dos lagamares da Baixada Santista.

9) *Setor Baía do Tubarão, Arquipélago Costeiro de Santana* [e paleorrias submersas em um delta pré-baías de São Marcos e São José] – conjunto de ilhas continentais costeiras remanescentes de um

paleodelta desvinculado da linha de costa, na área da boca nordeste da atual Baía de São José do Ribamar.

10) *Setor Lençóis Maranhenses* [entre o baixo rio Bom Gato Velho e a Ponta do Mangue/Mandacaru]; e entorno leste, entre a Barra do Preguiças e Paulino Neves – o mais notável campo de dunas costeiras de todo o litoral brasileiro, sujeito a uma dinâmica eólica ainda muito ativa.

11) *Setor Delta do Parnaíba e Ilhas Costeiras de Tutoia* – Aparelho deltaico contido, resultante da sedimentação predominantemente arenosa de um rio que é o último perene a preceder os espaços dominados por caatingas extensivas e drenagens intermitentes sazonárias. Presença de comunidades tradicionais ligadas à pesca e ao artesanato. Grande potencialidade para um ecoturismo moderado e esclarecido, bem gerenciado.

12) *Setor Ceará Norte* – Barreiras semirretilinizadas, enseadas rasas, extensas faixas de praias arenosas (estreitas). Na retroterra imediata: tabuleiros litorâneos e sublitorâneos, terminando por altas falésias fósseis. Semiaridez moderada chegando ao mar. Uma das regiões mais privilegiadas para um ecoturismo organizado e bem-sucedido.

13) *Costa Nordeste do Ceará e Norte Potiguar* [Rio Grande do Norte] – Transição brusca entre os tabuleiros sublitorâneos e a borda oeste da rampa costeira da Chapada do Apodi/Mossoró. Faixa onde a semiaridez chega ao mar. Costa das Salinas: Grossos, Areia Branca, Macau. Baixos vales com solos salgados (manchas de perrixil).

14) *Setor costeiro Touros/Natal* – Tabuleiros discretamente ondulados. Faixas estreitas de praias arenosas. Na retroterra, rios intermitentes sazonários, passando a perenes na proximidade da costa. À média distância da estreita linha de costa, transição de caatingas para agreste, e primeiras áreas de florestas.

15) *Setor João Pessoa/Cabedelo* – Tabuleiros sublitorâneos de topo plano. Baixo vale do rio Paraíba do Norte: mistura de solos férteis. Trecho de rios perenes ou semiperenes, provenientes da borda leste úmida da Borborema. Império das plantações de coco, hoje sofrendo interferência de especulação imobiliária.

16) *Costa do Recife* – Enseadas rasas e altos tabuleiros ondulados. Costa de recifes areníticos, encarcerando lâminas d'água praianas. Enseadas expressivas, em um setor de recorte das barreiras e interiorização da retroterra marcada por tabuleiros. Área de restingas sincopadas na linha de costa e recifes areníticos na faixa infrapraiana. Domínio hidrográfico dos rios Capiberibe e Beberibe – sítio urbano da Grande Recife.

17) *Costa das Alagoas/Sergipe* – Variante da costa dos tabuleiros, marcada pela presença de lagos de terra firme nos tabuleiros costeiros. Rias encarceradas por restingas. Faixa diferenciada de toda a costa atlântica do Nordeste Oriental. Em Sergipe, desaparecem os lagos de terra firme e acontecem transições mais complexas até as proximidades da Serra de Itabaiana (grande domo esvaziado, com anel de cristas quartzíticas sincopadas.)

18) *Setor Delta do São Francisco* [Delta arqueado, típico de litorais tropicais, porém com areias trazidas do São Francisco] – Aba norte de Feliz Deserto até a Barra; aba sul da Barra até a praia Santa Isabel/Pirambu. Fronteira Alagoas/Sergipe.

19) *Setor Aracaju/São Cristóvão* – Zona de interferência do feixe de restingas sobre baixos vales costeiros, com recuo de tabuleiros e ampliação local de planícies costeiras.

20) *Costa Norte da Bahia* – Retinilizada por restingas envolvendo pequenos campos de dunas na retroterra imediata, e eventual encarceiramento de pequenos cursos d'água. Transição para tabuleiros ondulados florestados. Grande enclave de cerrados sublitorâneos na região de Ribeira do Pombal, precedendo a distante retroterra com caatingas.

21) *Costa do Recôncavo Baiano, Marcada pela Presença da Baía de Todos os Santos* – Alojada em uma reentrância, bem marcada pela "Fossa do Recôncavo" [fossa tectônica em forma de funda reentrância sul-norte, oblíqua à linha de costa.]. Borda leste do tipo escarpa de linha falha, que hoje separa a Cidade Alta da Cidade Baixa. Complexo sítio de Salvador.

22) *Complexo Costeiro do Litoral Central da Bahia* – Com arquipélagos costeiros; costas desvinculadas, passando a feixe de restingas que encarceram lagunas digitadas de contornos irregulares. Sucessivas barras de pequenos cursos d'água e belas praias arenosas.

23) *Complexo Litorâneo Sul da Bahia Litoral de Ilhéus – Porto Seguro/Itacaré – Canavieiras Belmonte* – Tabuleiros ondulados com florestas contínuas até a borda leste do planalto sul-baiano. Região drenada por três rios provenientes dos planaltos interiores: rio de Contas, rio Pardo e rio Jequitinhonha.

24) *Delta do Rio Doce e Planície Costeira Alargada Regional* – Retroterra marcada por uma linha de costa interiorizada, bem marcada. Pequenas lagoas costeiras, descontínuas na retroterra de restingas e na base da linha de costa interiorizada. Notáveis lagoas de terra firme, perpendiculares à margem esquerda do baixo rio Doce.

25) *Litoral de Vitória* – Interrupção brusca do litoral retilinizado, deposto ao sul do delta do rio Doce. Ilha do Espírito Santo, semi-isolada

por manguezais interiores e encravada por entre pontões rochosos (Penedo) e morros arredondados (outrora marcados por densas florestas). Caneluras nas vertentes do Penedo, com ranhura de abrasão, de até três metros de amplitude.

26) *Litoral Sul Espírito-Santense* – Com tabuleiros embutidos, passando a planície, e estreita faixa de restingas. Vales de pequenos rios provenientes da Serra do Mar e seus largos esporões. Linha de costa norte-sul com sinuosidades menores até São João da Barra.

27) *Delta do Rio Paraíba do Sul* – A maior planície deltaica arqueada do litoral brasileiro. Origem subatual, com mudança da embocadura do rio para o setor norte da planície deltaica. Restingas e feixes de restingas envolvendo o setor sul deltaico.

28) *Restingas de Macaé/Cabo Frio – Búzios/Ponta Armação* – Na planície costeira arenosa, vegetação semiárida: o único reduto de caatingas mais amplo da costa brasileira fora do Nordeste Seco. Região turística privilegiada. Grande potencial ecoturístico, dependente de bons projetos e um correto gerenciamento.

29) *Litoral da Guanabara e Serrinhas e Pontões Rochosos do Rio de Janeiro e Niterói* – O mais extraordinário complexo litorâneo das Américas. Baía alargada a partir do estreito Pão de Açúcar/Maciço de Niterói, com tômbolos duplos, ilhas intrabaías e tabuleiros ondulados na retroterra. Complexo tectônico, fisiográfico, paleoclimático e ecológico. Constituindo a mais bela combinação de paisagens costeiras de todo o território Nacional.

30) *Setor Baía Grande no Litoral Sul Fluminense* – Após a Baía de Sepetiba, com sua estreita e alongada restinga distante da retroterra, sucede-se a Baía Grande, com os seus esporões subparelelos e ilhotas projetadas pelo embaiamento regional. Pequenas praias, apenas no setor frontal da Ilha Grande. Prainhas em Angra dos Reis e Parati, um tipo local de costas "dálmatas" em terrenos gnático-graníticos do Brasil tropical atlântico.

31) *Setor Litoral Norte de São Paulo* – Sucessivas baías e enseadas de porte pequeno a médio, por entre esporões florestados da Serra do Mar. Litoral mais recortado do país, estabelecido em rochas cristalinas decompostas, dominadas pelas florestas atlânticas. Pequenos feixes de restingas no fundo das baías e enseadas. Praias bravas e praias mansas, respectivamente, em areias grossas ou largos estirâncios de areia fina.

32) *Setor Ilha e Canal de São Sebastião, do Litoral Norte Paulista* – Presença de uma ilha continental, elevada em um grande *horst*, tectônica e erosivamente separada da Serra do Mar pelo Canal de São Sebastião. Terrenos cristalinos penetrados por diques anelares de

sienitos. Rochas decompostas, com oxissolos que servem de suporte ecológico para florestas tipo mata atlântica. Pequeninas baías insulares frontais (Castelhanos).

33) *Setor Sul do Litoral Norte de São Paulo* – Sucessão de pequenas baías, com setores de costões e costeiras, e restingas de diferentes extensões. Projeção de altos e pequenos esporões florestados da Serra do Mar, com atenuações marcantes até as proximidades da Bertioga.

34) *Setor Baixada Santista e Ilhas de São Vicente e Santo Amaro* – Cubatão, Piassaguera e Canal de Bertioga. Terminação sul do litoral norte de São Paulo, com aumento das faixas de sedimentação (restingas) na direção de Bertioga. Região dominada pelo ecossistema psamófilo dos Jundus. Sítios urbanos insulares de Santos, São Vicente e Guarujá. Na Baixada Santista e região de Cubatão: uma faixa anastomosada de cidades, núcleos industriais e bairros dormitórios, em exagerada e incontrolável expansão, vide o caso de Conceiçãozinha. Presença de manguezais estuarinos projetados para a retroterra de maciços insulares e baixadas de antigas planícies deltaicas residuais (Lagamar Santista).

35) *Setor Praia Grande, Itanhaém, Peruíbe* – Litoral de alongados feixes de restingas, tipo *long beach*, reproduzido pelo nome *praia grande*, que se estende do maciço do Xixova até o pequeno maciço granítico de Itanhaém, na barra do rio do mesmo nome, proveniente de esporões subparalelos da Serra do Mar. Em Mongaguá, um dos esporões de eixo NNE-SSE projeta-se até as proximidades da faixa praiana. O maciço costeiro de Iguape é o término do setor.

36) *Setor Maciço da Jureia/Rio Verde* – A maior paleoilha florestada do Litoral Paulista. Bloco de terrenos cristalinos, separado da Serra do Mar (Setor Itatins) por falhamentos do Terciário, ladeado por restingas e praias arenosas, pelo Sul-Sudoeste e Norte-Nordeste. O segundo maciço elevado, de tipo *horst*, de toda a fachada tropical atlântica de São Paulo. Tombado pelo CONDEPHAAT.

37) *Sistema Lagunar-Estuarino de Cananeia-Iguape/Baía de Trepandé* – Conjunto de três restingas separadas por lagunas salobras. Vegetação psamófica em *terra lixo* (jundus). Manguezais em pequenas enseadas dos bordos internos das restingas. Baixo Vale do Ribeira de Iguape formando planície rasa no reverso das restingas mais interiores.

38) *Setor Baía de Paranaguá-Antonina* – A mais aprofundada baía do litoral sul brasileiro. Uma baía dotada de indentações, cujo fundo quase atinge o piemonte da elevada escarpa tropical (Serra do Mar). Para o sudoeste, após a Baía de Trepandé, o litoral se traduz por restingas que se projetam e se amarram à Ilha do Cardoso, tendo o canal do Ariri na retroterra (Região fronteiriça com o Paraná).

39) *Setor Litorâneo de Paranaguá, de Guaratuba (PR) e São Francisco do Sul, Joinville (SC)* – Pequenas baías da ingressão marinha de 5.500-6.000 anos A.P., com recuo posterior, e extensão de manguezais na retroterra e borda de estuários. Extensões de restingas e praias na fronteira Paraná/Santa Catarina. Na retroterra, as terminações do núcleo principal da Serra do Mar, em Garuva.

40) *Setor Recortado do Litoral Central de Santa Catarina ao Sul da Enseada da Barra Velha (SC) até a Retroterra Serrana da Ilha de Santa Catarina* (sítio de Florianópolis) – Últimas serranias, talhadas no embasamento regional da Bacia do Paraná, designado trecho terminal (rebaixado) da Serra do Mar, precedendo a alta Serra Geral, mantida por espessa pilha de basaltos.

41) *Setor Ilha de Santa Catarina e Canal do Estreito* – Alongada ilha continental Norte-Sul, Sul-Norte. Costa marcada por demorados processos tectônicos, fisiográficos e eustáticos, desvinculadores da fachada costeira de Santa Catarina. Sítio urbano insular, marcado por um notável surto recente de ecoturismo.

42) *Litoral de Laguna* – De Garopaba, Imbituba à borda sul da lagoa (Laguna). Região de praias sincopadas, entre esporões de maciços costeiros que foram paleoilhas. Pequenas lagoas no reverso dos maciços costeiros, entre feixes de restingas de antigas enseadas marinhas. Grandes possibilidades para um ecoturismo interno, se bem gerenciado e conduzido. Presença de campos de dunas subatuais, fixadas por vegetação rupestre semiarbórea, de grande biodiversidade, a serem melhor protegidas.

43) *Litoral de Araranguá* – Da Lagoa de Garopaba II até a Lagoa do Sombrio. Primeiro trecho da linha de costa retilinizada que se prolonga para o sul, de NNE para SSW, por centenas de quilômetros de extensão. Lagoas semialinhadas entre feixes de restingas de diferentes idades. Trecho interrompido nos morrotes de Torres, na fronteira do Rio Grande do Sul com Santa Catarina. Área terminal rígida dos manguezais tropicais brasileiros.

44) *Setor Costeiro de Torres/Capão da Canoa* – Onde uma restinga recente encarcerou duas lagoas separadas por um raso esporão intralagunar. A Lagoa Itapeva apresenta retroterra diretamente encostada a falésias subatuais, de arenitos Botucatu, onde é encontrada uma gruta de abrasão interiorizada, característica e bem conservada. A Lagoa dos Quadros, de aspecto cordiforme, possui, do mesmo modo, sua borda interna encostada em vertentes de uma paleolinha de costas tectônicas. Grandes possibilidades para o estabelecimento de um correto ecoturismo.

45) *Setor Costeiro Dotado de Três Feixes de Restingas, Dois Alinhamentos de Lagoas* – Lagoinhas intradunares, à retaguarda da restinga frontal praiana, e Lagoa dos Barros, situada entre dois largos feixes de restingas, no eixo Barros até a Lagoa do Casamento, reentrância norte extrema da grande Lagoa dos Patos. Planícies intralagunares interpõem-se entre as lagoas centrais. No extremo oeste da planície, nas terminações do maciço de Porto Alegre, aparece a Coxilha das Lombas, um dos mais antigos campos de dunas semilitificadas do Brasil.

46) *Setor Grande Restinga do Rio Grande do Sul e Lagoa dos Patos* – A mais extensa restinga da costa brasileira, encarceradora da, igualmente importante, Lagoa dos Patos. Um tipo de *offshore bar*, reemendada ao norte, atualmente com saída exclusiva pelo sul, na barra do sistema estuarino canal de Rio Grande/São José do Norte. Existem razões para se pensar que um ramo W-L do Jacuí tenha tido saída ao norte, na borda setentrional do Maciço de Porto Alegre, independentemente da grande saída dupla pelo eixo do Guaíba: o mais notável caso de paleoestuário de todo o litoral brasileiro.

47) *Setor Canal de Rio Grande e São José do Norte* – Único acesso atual à Lagoa dos Patos. No contexto atual da Lagoa dos Patos, a boca atual do extenso sistema lagunar estuarino cinge-se ao canal do Rio Grande – São José do Norte. O emboque do Guaíba, no setor N-NE da Lagoa, constitui um remanescente de um antigo estuário, repronunciado pela ingressão marinha regional do período otimum climático (6.000-5.500 anos A.P.). Existem sinais de abrasão costeira na borda da Coxilha das Lombas, o mais velho campo de dunas regional.

48) *Setor Litoral Interno da Lagoa dos Patos* [segundo Litoral do Rio Grande do Sul]: Tal como já foi designado. – Feições residuais bem marcadas de uma linha de costa interiorizada, esculpida durante o período em que a Grande Restinga era apenas uma *offshore bar*. O caráter retilíneo dessa espécie de segundo litoral está vinculado, essencialmente, à velha linha de falha que foi repronunciada durante a fase tectônica que criou a Bacia de Pelotas. Justifica-se pensar que houve uma longa escavação, de tipo subsequente, a partir da base de uma escarpa de linha de falha, onde mais tarde se alojou a atual Lagoa dos Patos, paleolitoral de Camaquã.

49) *Setor Praia do Cassino, Lagoa Mirim, Pelotas/Chuí* – Último setor da costa brasileira, na transição fronteiriça entre o Brasil e o Uruguai. A extensa praia do Cassino, que se inicia na borda sul do Canal de Rio Grande, estende-se até o Uruguai, constituindo-se na mais recente restinga regional.

Fato comprovado pela presença da Lagoa da Mangueira, de posição intrarrestingas. A complexidade maior recai sobre as faixas arenosas incompletas de Santa Vitória do Palmar. Depois vem o corpo d'água da Lagoa Mirim, cuja margem interior se encosta no paleolitoral de Jaguarão, prolongamento do paleolitoral interno de Camaquã. Na planície costeira regional, destaca-se um mosaico de ecossistemas subaquáticos e arbustivos, muito rico e diversificado.

Referências Bibliográficas

ABREU, S. F. "Feições Morfológicas e Demográficas do Litoral do Espírito Santo". *In: Revista Brasileira de Geografia*, CNG, IBGE, ano V, n. 2, Rio de Janeiro, 1943.

AB'SÁBER, A. N. "Contribuição à Geomorfologia do Litoral Paulista". *In: Revista Brasileira de Geografia*, ano XVII, n. 1, pp. 3-48. Rio de Janeiro, 1955.

_____. "Contribuição à Geomorfologia do Estado do Maranhão". *In: Anuário da Faculdade de Filosofia, Ciências e Letras*, Pontifícia Universidade Católica de São Paulo. Sedes Sapientiae, vol. 13, pp. 66-78. São Paulo, 1955-1956.

_____. "État actuel des cannous sances sur les niveaux d'erro sionet les surfaces d'aplanissement au Brésil". *In*: RUELLAN, F. *(Premier Rapport...)*, vol. 5. Recherches en Amérique, UGI. Rio de Janeiro, s/d.

_____. "Aptidões Agrárias do Solo Maranhense (Notas Prévias)". *In: Boletim Paulista de Geografia*. Associação dos Geógrafos Brasileiros, n. 30, pp. 31-37, edição de outubro. São Paulo, 1958.

_____. "A Evolução Geomorfológica (do Litoral de Santos)". *In*: AZEVEDO, Aroldo de (coord.). *A Baixada Santista – Aspectos Geográficos*, vol. 1, As Bases Físicas, Edusp, Estudo elaborado pelo Departamento de Geografia da Faculdade de Filosofia, Ciências e Letras da Universidade de São Paulo com a colaboração de vários especialistas. São Paulo, 1965.

_____. "O Sítio Urbano de Porto Alegre". *In: Boletim da Faculdade de Filosofia da UFRGS*. Porto Alegre, 1965.

_____. "O Tombamento da Serra do Mar no Estado de São Paulo". *In: Revista do Patrimônio Histórico e Artístico Nacional*, n. 21, pp. 6-20. Fundação Nacional Pró-Memória. Rio de Janeiro, 1986.

_____. "Geomorfologia do Corredor Carajás-São Luís". *In: Amazônia: do Discurso à Praxis*, pp. 67-89, Edusp, São Paulo, 1996.

_____. "Redutos Florestais, Refúgios de Fauna e Refúgios de Homens". *Revista de Arqueologia* [VII Reunião Científica da SAB], vol. 8, n. 2 (1994-1995). São Paulo, 1995.

_____. "Proposta de um Parque no Velho Território dos Erasmos". *In: Revista da USP – Dossiê Engenho dos Erasmos*. Coordenadoria de Comunicação Social, Universidade de São Paulo, n. 41, mar./abr./mai., pp. 10-17, São Paulo, 1999.

_____. *Litoral do Brasil. Brazilian Coast*. [Versão para o inglês por Charles Molmquist]. Reed. rev. Metalivros, São Paulo, 2005.

_____. "Bibliografia". *In: O Litoral Brasileiro*, pp. 282-285. Metalivros, São Paulo, 2005.

ADMINISTRAÇÃO DO PORTO DE VITÓRIA. Porto de Vitória. Planta batimétrica da baía com indicação da dragagem. Escala 1: 2.000, 1942.

AGUIAR, S. *Mudança em um Grupo de Jangadeiros de Pernambuco*. Imprensa Universitária. Recife, 1965.

ALBUQUERQUE, O. *Reencontros com a Pesca Nordestina*. Brasil, Ministério da Agricultura, 1961.
ALMEIDA, A. P. "O Ribeira de Iguape". In: *Revista do Arquivo Municipal*, ano X, vol. 102, pp. 27-104. São Paulo, 1945.
_____. "Usos e Costumes Praianos". In: *Revista do Arquivo Municipal*, ano X, vol. 104, p. 79. São Paulo, 1945.
ALMEIDA, F. F. M. "Geologia e Petrologia do Arquipélago de Fernando de Noronha". In: *DGM-DNPM*, carta geológica, monografia XIII. Rio de Janeiro, 1955.
_____. *Fundamentos Geológicos do Relevo Paulista*. USP-IG, IGEOG. In: *Série Teses e Monografias* n. 14, pp. 93-99. *Transcrito de Geologia do Estado de São Paulo*, boletim n. 41 (1964), Instituto Geográfico e Geológico. São Paulo, 1974.
_____. "The systems of continental rifts borderin the Santos basin, Brazil". In: *Continental Margins of Atlantique Type. Anais*. Academia Brasileira de Ciências, n. 48, pp. 15-26. S/l, 1976.
ALVAREZ, J. A. *Una Observación en el Estuário de Tramandaí – Pesquisas*. Instituto de Geociências, n. 12, pp. 189-207. Porto Alegre, 1979.
AMADOR, E. S. *Baía de Guanabara e Ecossistemas Periféricos:* Homem e Natureza. Edição do autor. Rio de Janeiro, 1996.
_____. *Assoreamento da Baía de Guanabara* – Taxas de Sedimentação. Academia Brasileira de Ciências, vol. 32, n. 4, pp. 723-742. Rio de Janeiro, 1980.
ANDRADE, M. A. B. "Contribuição ao Conhecimento de Ecologia das Plantas das Dunas do Litoral do Estado de São Paulo". In: *Boletim da Faculdade de Filosofia, Ciências e Letras*, Universidade de São Paulo, n. 305, Botânica, 22, pp. 3-170. São Paulo, 1968.
ANDRADE, M. C. "A Ria do Rio Formoso na Costa Sul de Pernambuco". In: *Faculdade de Filosofia/Universidade de Recife*, seção E – Geografia e História, n. 18. Recife, PE.
ANDREATTA, M. D. E. "São Jorge dos Erasmos: Prospecção Arqueológica, Histórica e Industrial". In: *Revista da USP – Dossiê Engenho dos Erasmos*. Coordenadoria de Comunicação Social, Universidade de São Paulo, n. 41, mar./abr./mai., pp. 28-47. São Paulo, 1996.
ANTUNES, P. "As Restingas do Litoral Gaúcho". *Bol. Geogr. do Rio Grande do Sul*. Porto Alegre, 3 (8):31-2.
ARAÚJO, J. B., et alli. "Análise da Situação Socioeconômica da População Envolvida na Pesca Predatória de Itamaracá". Mimeografado. Recife, 1974.
ARAÚJO FILHO, J. R. "A Baixada do Rio Itanhaém". Tese de doutoramento. Faculdade de Filosofia, Ciências e Letras da USP. São Paulo, 1950.
_____. "A Vila de Itanhaém". In: *Boletim Paulista de Geografia*, n. 6, pp. 3-22, edição de outubro. Associação dos Geógrafos Brasileiros. São Paulo, 1950.
_____. "Santos: O Porto do Café". Tese de livre-docência. Faculdade de Filosofia, Ciências e Letras USP. IBGE. Rio de Janeiro, 1969.
_____. "O Porto de Vitória". Tese de cátedra, Faculdade de Filosofia, Ciências e Letras da Universidade de São Paulo. Instituto de Geografia, USP, *Série Teses e Monografias*, n. 9. São Paulo, 1968.
ARGENTO, M. S. F. "A Retrogradação do Paraíba do Sul e o Impacto Ambiental de Atafona". II Congresso Brasileiro de Defesa do Meio Ambiente. Anais 2, pp. 179-194. S/l, 1986.
ASSOCIAÇÃO DOS GEÓGRAFOS BRASILEIROS. *Aspectos da Geografia Carioca*. Secretaria do Rio de Janeiro, AGB/CNG – IBGE. Rio de Janeiro, 1962.
AZEVEDO, A. "Vilas e Cidades do Brasil Colonial: Ensaio de Geografia Urbana Retrospectiva". In: *Boletim da Faculdade de Filosofia, Ciências e Letras da Universidade de São Paulo*, 96 pp. (Geografia, 11). São Paulo, 1956.
_____. (coord.). *A Baixada Santista – Aspectos Geográficos, vol. IV – Cubatão e suas Indústrias*. Edusp, pp. 163-168. Estudo elaborado pelo Departamento de Geografia

da Faculdade de Filosofia, Ciências e Letras da Universidade, com a colaboração de outros especialistas. São Paulo, 1965.

_____. (dir. e ed.). *As Bases Físicas – vol. I*. Companhia Editora Nacional. São Paulo, 1962.

BACCO, C. *Os Deltas Marinhos Holocênicos Brasileiros: uma Tentativa de Classificação*. Boletim técnico da Petr., vol. 14, n. r/2, pp. 3-38. Rio de Janeiro, 1971.

BACKHEUSER, E. A. *A Faixa Litorânea do Brasil Meridional, Ontem e Hoje*. Tipografia Bernard Fréres. Rio de Janeiro, 1918.

_____. "Os Sambaquis do Distrito Federal". *In: Revista da Divisão da Escola Politécnica (RJ)*. Rio de Janeiro, 1918.

BANDEIRA JÚNIOR, A. N.; PETRI, S. & SUGUIO, K. "Projeto Rio Doce: Petróleo Brasileiro S.A.". *Relatório Interno*, 203 pp., s/ed., s/i, s/d.

BARBOSA, A. P. A. et alli. *Geologia das Quadrículas de Pedro Osório. Capão do Leão. Arroio da Palma e Açoriana – RS*. Porto Alegre. Inst. Geociências UFRGS. (Trabalho de Formatura), 1972.

BARROS, M. C. "Geologia e Recursos Petrolíferos da Bacia de Campos". Ano XXXI, Congresso Brasileiro de Geologia, vol. 1, pp. 29-46, s/i, 1979.

BARROSO, A. Emílio Vieira. *Marajó*. Biblioteca do Exército. Rio de Janeiro, 1954.

BELTRÃO, M. C. "Documentos sobre a Pré-história dos Estados do Rio de Janeiro e Guanabara (1500-1963)". *In: Coleção Museu Paulista – Série de Arqueologia*, edição do Fundo de Pesquisas do Museu Paulista da Universidade de São Paulo, vol. 2, pp. 9-79. São Paulo, 1975.

_____. *Pré-História do Estado do Rio de Janeiro*. Editora Forense Universitária, 276 pp. Rio de Janeiro, 1975.

BERNARDES, S. "A Pesca no Litoral do Rio de Janeiro". *In: Revista Brasileira de Geografia*, ano XII, n. 1. Rio de Janeiro, 1950.

_____. "Pescadores da Ponta do Caju – Aspectos da Contribuição de Portugueses e Espanhóis para o Desenvolvimento da Pesca na Guanabara". *In: Separata da Revista Brasileira de Geografia*, n. 2. Rio de Janeiro, 1958.

BERNARDES, L. M. C.; MAGNANINE, R. L. da C. *Excursão ao Cabo Frio*. XVI Assembleia Geral do IBGE. Rio de Janeiro, 1956.

BESNARD, W. "Considerações Gerais em Torno da Região Lagunar de Cananeia-Iguape". *In: Boletim Paulista de Oceanografia*, vol. 1, n. 1, pp. 9-26, e n. 2, pp. 3-28. São Paulo, 1950.

BESNARD, W. e AB'SÁBER, A. N. "Sambaquis da Região Lagunar de Cananeia". *In: Boletim do Instituto Oceanográfico / USP*, tomo IV, asc. I e II, pp. 215-238. São Paulo, 1952.

BEURLEN, K. "Estratigrafia da Faixa Sedimentar Costeira de Recife–João Pessoa". *In: Boletim da Sociedade Brasileira de Geologia*, n. 1, vol. 16, pp. 43-56, s/i, 1967.

BIGARELLA, J. J. & SALAMUNI; MARQUES, F. P. L. "Ocorrência de Depósitos Sedimentares Continentais no Litoral do Estado do Paraná (Formação Alexandra)". *In: Boletim do Instituto de Biologia e Pesquisas em Tecnologia do Estado do Paraná*. Notas Preliminares Estudos, n. 1. Curitiba, 1959.

_____. "Terraços de Construção Marinha de Cananeia e Ubatuba, SP". *In: Anexo 2: Esboço Geológico e Geomorfológico do Litoral Norte do Estado de São Paulo entre a Ilha de São Sebastião e a Cidade de Ubatuba*. Escala 1: 100.000, s/i, 1960.

BIGARELLA, J. J.; MARQUES, F. P. L. & AB'SABER, A. N. "Ocorrência de Pedimentos Remanescentes nas Fraldas da Serra do Iqueririm (Guaruva, Santa Catarina)". *In: Boletim Paranaense de Geografia*, n. 4/5, pp. 82-93. Curitiba, 1960.

BIGARELLA, J. J. "Variações Climáticas do Quaternário e suas Implicações no Revestimento Florístico do Paraná". *In: Boletim Paranaense de Geografia*, n. 10/15, pp. 211-231. Curitiba, 1964.

_____. "Subsídios para o Estudo das Variações do Nível Oceânico no Quaternário". *In: Anuário da Academia Brasileira de Ciências*, n. 37 (Suplemento), pp. 263-278. Rio de Janeiro, 1965.

_____. "Contribution to the Study of Brazilian Quaternary". *In: Bulletin Geology Society of American.* Sp. Paper, 84, pp. 433-451, s/i, 1971.

_____. "Contribuição ao Estudo dos Sambaquis do Estado do Paraná". *In: Arquivos de Biologia e Tecnologia*, vol. V e VI, pp. 231-292. Curitiba, 1951.

_____. "Notas sobre os Depósitos Conchíferos da Pedra de Guaratiba, Distrito Federal". *In: Arquivos de Biologia e Tecnologia*, vol. VII, pp. 195-200. Curitiba, 1953.

BLANCK, P. P. & CLOOTS-HIRSCH, A. R. *Unitê expérimentale de Maradi; étude ecodynamique*. DGRST (ACC "Lute contre l'aridité en milieu tropical") *CGA/LA* – 95, Strasbourg, 75 pp., 27 fig. I carte coul; h.t., 12 phot.

BRANNER, J. C. "The stone reefs of Brazil, their geologic and geographical relations in the chapter of costal reefs". *Bulletin of the Museum of Comparative Zoology*, vol. 44, *Geology Series*, n. 7, Harvard College. Massachusetts, 1904.

BRITO, R. *et alli*. *Pesca Empresarial no Pará*. IDES. Belém, 1975.

CABRAL, O. R. *Os Açorianos*, s/ed. Florianópolis, 1951.

CÂMARA CASCUDO, L. *Jangadeiros*. MEC. Rio de Janeiro, 1957.

CAMPOS FILHO, Luiz Vicente da Silva. *Tradição e Ruptura. Cultura e Ambientes Pantaneiros*. Entrelinhas, Cuiabá, Mato Grosso. [Contém bibliografia alterada], 2002.

CARVALHO, M. V. "O Pescador do Litoral Paulista". *In: Congresso de Geografia*, vol. 9, Anais, vol. 3. Rio de Janeiro, 1942.

CHEBATAROFF, J. "A Denominação Guaíba e o Moderno Conceito de Estuário". *In: Boletim Geografia do Estado do Rio Grande do Sul*, vol. 9/10, n. 4. Porto Alegre, 1959.

CONSELHO NACIONAL DO PETRÓLEO. Brasil. "Projeções Geológicas e Geofísicas na Foz do Amazonas". *In: Confer. Geológica das Guianas*, vol. 7. Petrobrás. [Mimeogr.] Petrobrás. Belém (Pará), 1966.

CONSTRUTORA NORBERTO ODEBRECHT S.A. *Brasil, a Costa: Brazil, the Coast; Brésil, la Coté.* Vários autores. Spala Editora. Rio de Janeiro, 1983.

CONTI, J. B. "Circulação Secundária e Efeito Orográfico na Gênese das Chuvas na Região Nordeste Paulista". *In: Boletim do Instituto de Geografia*, USP, pp. 79-82. São Paulo, 1975.

CORREA, C. P. *et alli*. "The Amazon River impact on the adjacent continental shelf". *In: Pesquisas/UFRGS*, 17, n. 1-2, pp. 39-44. Escola de Geologia. Porto Alegre, 1990.

CORREIA FILHO, Virgílio. "Paquetá". *Rev. Brasileira de Geografia*, ano VI, n. 1, pp. 58-88. IBGE/CNG. Rio de Janeiro, 1944.

COUTINHO, L. M. "Contribuição ao Conhecimento da Ecologia da Mata Pluvial Tropical". *In: Boletim da Faculdade de Filosofia, Ciências e Letras da Universidade de São Paulo*, n. 257 (Botânica n. 18), pp. 1-219. São Paulo, 1960.

CLOSS, D. "Estratigrafia da Bacia de Pelotas – RS". *Iheringia*. Sér. Geol., Porto Alegre, (3):3-76, 1970.

CRUZ, O. "Esboço Geomorfológico da Área de Cananeia". *In: Contribuição à Geomorfologia do Litoral Paulista*. II Congresso Brasileiro de Geografia, 1964. Rio de Janeiro, s/d.

_____. *Estudo Geomorfológico da Área de Cananeia*. Aerofotografia. Instituto de Geografia, USP, n. 1. São Paulo 1966.

_____. "A Serra do Mar e o Litoral, na Área de Caraguatatuba – SP". *In: Contribuição à Geomorfologia Litorânea Tropical, Série Teses e Monografias*, n. 11. Instituto de Geografia da Universidade de São Paulo, pp. 169-177, São Paulo, 1974.

CUNHA, F. L. S. & NUNAN, G. W. A. "Pleistocene marine vertebrates *(Sciaenidae and Ballaeno pteridae)* from the litoral of Santa Vitória do Palmar". *In: R.S. XXXI Congresso Brasileiro de Geologia*, vol. 5, pp. 3049-3055, s/i, 1980.

DAMUTH, J. E. & FAIRBRIDGE, R. W. "Equatorial Atlantic deep-sea Arkonic and Ice-Age arididty in tropical South America". In: Bulletin of Geologists Society of America, n. 81, pp. 189-206, s/i, 1968.

DAMUTH, J. & KUMAR, N. "Amazon cone: morphology, sediments, age and growth pattern". In: Bulletin of Geologists Society of America, n. 86, pp. 863-878, s/i, 1975.

DANSEREAU, P. "Zonation et sucession sur le restinga de Rio de Janeiro". In: Revista Canadense de Biologia, vol. 6, n. 3, pp. 447-448, s/i, 1947.

DELANEY, P. "Considerações sobre a Fisiografia e a Geologia da Planície Costeira do Rio Grande do Sul". Avulso. Escola de Geologia. Porto Alegre (2):1-31, 1962.

_____. "Fisiografia e Geologia de Superfície da Planície do Rio Grande do Sul". In: Escola de Geologia/UFRGS, publicação especial, n. 6, Porto Alegre, 1965.

DELGADO DE CARVALHO, Carlos Miguel. História da Cidade do Rio de Janeiro. Livr. Francisco Alves, Rio de Janeiro, 1926.

_____. Fisiografia do Brasil, s/ed. Rio de Janeiro, 1927.

DERBY, O. A. "A Ilha de Marajó". Bol. do Museu Goeldi, n. 2, pp. 163-173. Belém (Pará), 1898.

_____. "The sedimentary belt of the coast of Brazil". In: Journal of Geology, vol. 15, n. 3, pp. 218-237, Chicago, 1907.

DIAS, G. T. M. "O Complexo Deltaico do Rio Paraíba do Sul". In: IV Simpósio Quaternário no Brasil. Publicação especial 2, pp. 58-79. Rio de Janeiro. 1979.

DIEGUES, A. C. S. L'écosystème Lagunaire Iguape–Cananeia; une Étude de Cas. Centre International de Recherche sur l'Environement et Developement. Paris, 1975.

_____. Pescadores, Camponeses e Trabalhadores do Mar. Ática. (Ensaio; 94). São Paulo. 1983.

_____. Ilhas e Sociedades Insulares. NUPAUB. São Paulo, 1997.

_____. Comunidades Tradicionais e Manejo de Recursos Naturais da Mata Atlântica. [Com Virgílio Viana]. NUPAUB. São Paulo, 2000.

_____. Populações Humanas em Áreas Protegidas da Mata Atlântica, 2001.

_____. Ecologia Humana e Planejamento de Áreas Costeiras. Provográfica, 2ª ed. São Paulo, 2001.

_____. Planejamento e Gerenciamento Costeiro. Alguns Aspectos Metodológicos.

DOMINGUEZ, J. M. L.; BITTENCOURT, A. C. S. P. & MARTIN, L. "Esquema Evolutivo da Sedimentação Quaternária nas Feições Deltaicas dos Rios São Francisco (SE/AL), Jequitinhonha (BA), Doce (ES) e Paraíba do Sul (RJ)". In: Revista Brasileira de Geociências, 11(4), pp. 227-237, s/i, 1981.

_____. Controls on Quaternary Coastal Evolution of the East-Northeastern Coast of Brazil: Roles of Sea-Level History, Trade Winds and Climate. Sedimentary Geology, 80, pp. 213-232, s/i, 1992.

DOMINGUEZ, J. M. L.; MARTIN, L.; BITTENCOURT, A. C. S .P.; FERREIRA, Y. A. & FLEXOR, J. M. "Sobre a Validade da Utilização do Termo Delta para Designar Planícies Costeiras Associadas a Desembocaduras dos Grandes Rios Brasileiros". In: XXXII Congresso Brasileiro de Geologia, n. 2, Breves Comunicações, p. 92. Salvador, 1981.

EDITORA ABRIL. Guia de Praias 2000/2001 (BR). Mapa da costa brasileira com imagens de satélite. Guia Quatro Rodas. São Paulo. 2000.

ENCYCLOPAEDIA BRITTANICA DO BRASIL. Enciclopédia Mirador Internacional, vol. 17, pp. 9645-9648. São Paulo e Rio de Janeiro, 1981.

ERICSON, D. B.; EWING, G. et alli. "Atlantic deep-sea sediments core". In: Bulletin of Geologists Society of America, 72, pp. 193-286, s/i, 1959.

EVANS, Clifford & MEGGERS, Betty. Archeological investigations of the Mouth of the Amazon. Printing Office, Washington, 1957.

FERREIRA, Alex Rodrigues. "Maravilhas da Natureza na Ilha de Marajó". Boletim do Museu Paraense [...], n. 3 (1902). Belém (Pará), 1902.

FIGUEIREDO, F. & FORMOSO, M. *Relatório do Mapa Geológico Preliminar da Bacia Hidrográfica da Lagoa Mirim*. Porto Alegre, DNPM, 68 pp., 1971.

FIGUEIREDO, Napoleão & SIMÕES, Maria. "Contribuição à Arqueologia da Fase Marajoara". *Revista do Museu Paulista*, n. 14, pp. 455-465. São Paulo, 1963.

FORTI-ESTEVES, I. I. "Bioestratigrafia e Paleoecologia com Moluscos Quaternários da Planície Costeira do Rio Grande do Sul – Brasil". *In: Congresso Brasileiro de Geologia*, 28. Porto Alegre. *Resumo das Comunicações*. Porto Alegre, Sociedade Brasileira de Geologia, pp. 790-791. (Boletim, 1), 1974.

FRANÇA, A. "Ilha de São Sebastião; Estudo de Geografia Humana". *In: Boletim de Geografia*, USP, n. 10. São Paulo, 1954.

FRANÇA. M. C. "Pequenos Centros Paulistas de Função Religiosa". *In: Instituto de Geografia da USP*, vol. 2, pp. 403-416, São Paulo, 1975.

FREITAS, R. O. "Geomorfogênese da Ilha de São Sebastião". *In: Boletim da Associação dos Geógrafos Brasileiros*, n. 4, pp. 16-30, São Paulo, 1944.

_____. "Ensaio sobre a Tectônica Moderna do Brasil". *In: Boletim da Filosofia, Ciências e Letras – USP*, n. 130, Geologia n. 6, São Paulo, 1950.

_____. *Mineralogia e Geologia de Areias de Praias entre São Sebastião e Caraguatatuba*. Escola de Geologia de Engenharia de São Carlos, 11 (30), pp. 1-84 (e) 12 (31), pp. 1-71, s/i, 1960.

FREISE, Friedrich W. *Erscheinunges des Erdfliessens in Tropenwalde, Beobachtungen am Brasilianischen Kustenwald*. Zeitschrift für Geomorphologie (1935).

FRÓES ABREU, S. & PAIVA, G. *Contribuição para a Geologia do Petróleo no Recôncavo (Bahia)*, s/ed. Rio de Janeiro, 1936.

FRÓES ABREU, S. "Sambaquis de Imbituba e Laguna (Santa Catarina)". *In: Revista da Sociedade de Geografia do Rio de Janeiro*. Rio de Janeiro, 1951.

FULFARO, V. J. & PONÇANO, W. L. "A Gênese das Planícies Costeiras Paulistas". *In: XXVIII Congresso Brasileiro de Geologia*, vol. 3, pp. 37-42, s/i, 1974.

FUNDAÇÃO IBGE/ASSOCIAÇÃO DOS GEÓGRAFOS BRASILEIROS. *Curso de Geografia da Guanabara*, FIBGE/Associação dos Geógrafos Brasileiros, Secretaria do Rio de Janeiro. Rio de Janeiro, 1968.

GABAGLIA, F. A. R. "As Fronteiras do Brasil – Tipografia". *Jornal do Comércio*. Rio de Janeiro, 1916.

GALLO, Giovanni. *Marajó, a Ditadura da Água*. Belém, 1997.

GALVÃO, Eduardo. "Áreas Culturais Indígenas do Brasil (1900-1959)". *Bol. do Museu Goeldi (Novaserse)*, n. 8. Belém (Pará), 1959.

GARCIA, L. F. S. & MAGALHÃES. E. M. "O Terminal de Tubarão e sua Importância para o Desenvolvimento da Siderurgia no Brasil". *In: Metalurgia*, vol. 21, n. 6, pp. 813-825. s/i, 1965.

GENTILE, M. A. *Baixada Litorânea do Paraná – Aspectos Físicos: O Quadro Natural*, s/ed. Curitiba, 2001.

GERALDO, Luiz Silva (coord.). "Os Pescadores na História do Brasil", vol. 1. *Colônia e Império*. Comissão Pastoral dos Pescadores, 1989.

GODOLPHIM, M. F. *Geologia do Holoceno Costeiro do Município de Rio Grande – RS*. Porto Alegre, UFRGS, 146 pp., 37 fig., 8 fot., 2 mapas. (Trabalho de Pós-Graduação em Geociências), 1976.

GOELDI, Emil August. "Maravilhas da Natureza na Ilha de Marajó". *Bol. do Museu Paraense de Hist. Natural [...]*, n. 3, pp. 370-399. Belém (Pará), 1902.

GOLDENSTEIN. Léa. "A Industrialização da Baixada Santista – Estudo de um Centro Industrial Satélite". Instituto de Geografia, USP, *Série Teses e Monografias*, n. 7, pp. 337-342, s/i, 1971.

GOMES. A. M. B. *Carta Geomorfológica do Delta Interior do Guaíba (Baixo Jacuí, Porto Alegre)*, s/ed., s/i, s/d.

GOMES, A. M. B. & TRICART, J. *Estudo Ecodinâmico da Estação Ecológica do Taim e seus Arredores*. Tradução brasileira da revista *La Recherche*, s/i, 1968.

GOMES, Alba; TRICART, Jean & TRAUTMANN, Jean. *Estudo Ecodinâmico da Estação Ecológica do Taim*. Editora da Universidade – UFRGS. Porto Alegre, 1987.

GOMES, C. B. *et alli*. "Observações Geológicas Preliminares sobre a Ilha de Vitória". 21º Congresso Brasileiro de Geologia. *In: Boletim Paranaense de Geociências*, n. 26, pp. 65-66. Curitiba, 1965.

GOMES, A. M. B. & AB'SABER, A. N. "Barrancas de Abrasão Fluvial na Margem do Guaíba". *In: Geomorfologia*, n. 10. Instituto de Geografia da Universidade de São Paulo. São Paulo, 1969.

GUERRA, A. T. "Contribuição ao Estudo da Geomorfologia do Quaternário do Litoral de Laguna (Santa Catarina)". *In: Revista Brasileira de Geografia*, ano XII, n. 4, pp. 535-564. Rio de Janeiro, 1950.

_____. "Notas sobre Alguns Sambaquis e Terraços do Litoral de Laguna (Santa Catarina)". *In: Boletim Paulista de Geografia*, n. 8. AGB, São Paulo, 1950.

_____. "Aspectos Geográficos no Sudeste do Espírito Santo". *In: Revista Brasileira de Geografia*, ano 19, n. 2, pp. 179-219. Rio de Janeiro, 1957.

_____. *Dicionário Geológico-Geomorfológico*. Fundação IBGE, pp. 345-347. Rio de Janeiro, 1969.

HARARI, J. & CAMARGO, R. "Tides and mean sea level in Recife (PE) – 8° 3.3' S, 34° 51.9' W – 1946 to 1988". *In: Boletim do Instituto Oceanográfico*. Universidade de São Paulo, São Paulo, 1993.

HARTT, C. F. *Geology and Physical Geography of Brazil*. Fields Osgod. Boston, 1870.

HILBERT, Peter Paul. "Contribuição à Arqueologia de Marajó". *Inst. de Etnologia do Pará*, vol. 5. Belém (Pará), 1952.

HUBER, Jacques. "Contribuição à Geografia Física dos Furos de Breves e da Parte Ocidental de Marajó". *Rev. Brasileira de Geog.*, vol. 5, n. 3, pp. 449-464. Rio de Janeiro, 1943.

HUECK, Kurt. *Das Walder Sudamerikas – Okologie*. Gustav Fischer Verlag Stuttgart (Die Wälder Sudamerikas ou Der Wald Sudamerikas), s/i, 1965.

IBGE – INSTITUTO BRASILEIRO DE GEOGRAFIA E ESTATÍSTICA. "Carta do Brasil ao Milionésimo". *Atlas IBGE*. Rio de Janeiro, 1972.

IHERING, H. von. "A Lagoa dos Patos (1885)". *Organon*, n. 14. Fac. de Filosofia da UFRGS. Porto Alegre, (14):101-142, 1970.

IMPRENSA OFICIAL DO ESTADO – IMESP. "Mapas Antigos do Brasil, Incluindo Litoral". *In: Calendário do IMESP*. São Paulo, 2000.

INPE – Instituto Nacional de Pesquisas Espaciais. *Imagens e Fragmentos de Imagens sem a Costa Brasileira*. Landsat IV. INPE. São José dos Campos, 2000-2004.

JOST, H. *O Quaternário da Região Norte da Planície Costeira do Rio Grande do Sul*. 80 f. Tese (Mest.-Geociên.). Inst. de Geociências, UFRGS. Porto Alegre, 1971 (não publicado).

_____. "O Quaternário da Planície Costeira do Rio Grande do Sul I – Região Norte". *In: Sociedade Brasileira de Geologia*. São Paulo. Anais..., São Paulo, pp. 53-62, 1971.

JOST, H.; SOLIANI JR., E.; GODOLPHIM, M. "Evolução Paleogeográfica da Região da Lagoa Mirim". *In: Congresso Argentino de Paleontologia y Bioestratigrafia*, I, Tucuman. Anais... Tucuman, vol. 2, 1975.

JURANDIR, Delcídio. "Alguns Aspectos da Ilha de Marajó". *Cultura Política*, n. 2, 14 e 16. Rio de Janeiro, 1942.

KNEIP, L. M. *Sambaqui do Forte – Identificação Espacial de Atividades Humanas e suas Implicações (Cabo Frio, RJ, Brasil)*. Coleção Museu Paulista – Série de Arqueologia. Edição do Fundo de Pesquisa do Museu Paulista da Universidade de São Paulo, 2, pp. 81-142. São Paulo, 1976.

Kowsmann, R. O. & Costa, M. P. A. "Paleolinhas de Costa da Plataforma Continental das Regiões Sul e Norte Brasileiras". In: Revista Brasileira de Geociências, vol. 4, n. 4, pp. 222-315, s/i, 1974.

Krone, R. "Informações Etnográficas do Vale do Ribeira de Iguape". In: Exploração do Rio Ribeira de Iguape. Com. Geografia e Geologia (ESP). São Paulo, 1914.

Lamego, A. R. "Restingas na Costa do Brasil". In: Boletim, n. 96, p. 66, DGM-DNPM, Rio de Janeiro, 1940.

_____. "Ciclo Evolutivo das Lagunas Fluminenses". In: Boletim n. 118, p. 45, Departamento Nacional da Produção Mineral, DGM-DNPM. Rio de Janeiro, 1944.

_____. "Geologia da Quadrícula de Campos – São Tomé, Lagoa Feia e Xexé". In: Boletim n. 154. DGM-DNPM. Rio de Janeiro, 1956.

Lamparelli, C. C. (coord.) & Moura, D. O. Mapeamento dos Ecossistemas Costeiros do Estado de São Paulo. Secretaria do Meio Ambiente, CETESB. São Paulo, 1998.

Leinz, V. "Contribuição à Geologia dos Derrames Basálticos do Sul do Brasil". In: Boletim CIII da FFCL, Universidade de São Paulo, Geologia n. 5, p. 61. São Paulo, 1949.

Leonardos, O. H. "Concheiros Naturais e Sambaquis". In: Boletim do Serviço de Fomento da Produção Mineral (SEPM), boletim n. 37. Rio de Janeiro, 1938.

Lira, L. et alli. "Nota Prévia sobre o Comportamento da Cunha Salina no Estuário de Tramandaí". Anais da Universidade Federal de Pernambuco, Faculdade de Ciências Biológicas, vol. 2, n. 1, pp. 15-26, Recife, 1976.

Lisboa, A. Portos do Brasil. Inspeção Federal de Portos, Rios e Canais, 2ª ed. s/ed. Rio de Janeiro, 1926.

Lisboa, Murilo de Andrade Lima. Cubatão na História. BECA Produções Culturais Ltda. São Paulo, 2005.

Lofgren, A. "Os Sambaquis de São Paulo". In: Boletim da Comissão Geografia e Geologia do Estado de São Paulo, n. 9. São Paulo, 1893.

Loureiro, Violetta R. Os Parceiros do Mar, CNPq/Museu Goeldi. Belém (Pará), 2000.

Lucas, K. A Arte Rupestre do Município de Florianópolis. Edine – Indústria Gráfica e Comunicação, Florianópolis, 1996.

Luxardo, Líbero. Marajó. Terra Anfíbia. Grafisa. Belém (Pará), 1978.

Machado, L. M. C. "Análise de Remanescentes Ósseos Humanos do Sítio Arqueológico Corondó, RJ. – Aspectos Biológicos e Culturais". In: Série Teses e Monografias, n. 1. Instituto de Arqueologia Brasileira, Rio de Janeiro, 1984.

Mabesoone, J. M. "Sedimentologia da Faixa Costeira Recife–João Pessoa". In: Boletim da Sociedade Brasileira de Geologia, vol. 16, n. 1, pp. 57-72, s/i, 1967.

Magalhães, J. C. "O Porto de Paranaguá". In: Revista Brasileira de Geografia, CNG-IBGE, ano 26, n. 1, pp. 53-95, Rio de Janeiro, 1965.

Marcílio, M. L. Caiçara: Terra e População; Estudo de Demografia Histórica e História Social de Ubatuba. Paulinas /Cedral (Coleção Raízes). São Paulo, 1965.

Martins, L. R. "Contribuição à Sedimentologia da Lagoa dos Patos – II Sacos do Umbu, Rincão e Mangueira". In: Notas e Estudos da Escola de Geologia, n. 1, pp. 27-44.

_____. "Aspectos Texturais e Deposicionais dos Sedimentos Praiais e Eólicos da Planície Costeira do Rio Grande do Sul". In: Publicação da Esp. da Escola de Geologia/ UFRGS, vol. 13, pp. 1-24, Porto Alegre, 1967.

Martin, L.; Flexor, J. M.; Vilas Boas, G. S.; Bittecourt, A. C. & Guimarães, M. M. M. "Courbe de variations du niveau relatif de la mer au cours de 7.000 derrières années sur un secteur homogêne du littoral brésilien (nord de Salvador, Bahia)". In: Suguio, K.; Martin, L.; Fairchild, R. R. & Flexor, J. M. (eds.). Proc. 1979. Int. Symp. Coastal Evolution in the Quaternary, pp. 264-274, São Paulo, 1979.

Martin, L.; Bittencourt, A. C. S. P. & Vilas Boas, G. S. Mapa Geológico do Quaternário Costeiro do Estado da Bahia. Escala 1: 250.000. CPM/SME. Salvador, 1980.

_____. *Primeira Ocorrência de Corais Pleistocênicos da Costa Brasileira: Datação do Máximo da Penúltima Transgressão.* 1: 16-17. Ciências da Terra, s/i, 1980.

MARTIN, L. & SUGUIO, K. *Variation of Coastal During the Last 7.000 Years Recorded in Beachridge Plains Associated with River Mounts: Examples from the Central Brazilian Coast*. Paleogeography, Paleoclimatology, Paleoecology 99: 119-140, s/ed., s/i, 1992.

MARTIN, L. & DOMINGUEZ, J. M. L. "Geological history of coastal lagoons". *In*: *Coastal Lagoon Processes*, pp. 41-68. Elsevier Science Publ., s/i, 1994.

MARTIN, L.; DOMINGUEZ, J. M. L. & BITTENCOURT, A. C. S. P. "Climatic control of coastal erosion during a Sea-level fall episode". *In*: *Anuário da Academia Brasileira de Ciência*, n. 70, pp. 249-266, s/i, 1998.

MARTIN, L; ABSY, M. L.; FLEXOR, J. M.; FOURIER, M.; MOURGUIART, P.; SIFEDDINE, A. & TURCQ, B. "Southern oscillation signal in. South American paleoclimatic data of the last 7.000 years". *In*: *Quaternary Research 33*, pp. 338-346, s/i, 1993.

MARTONNE, E. *Annales de Geographie*, n. 49 (277); pp. 1-27 e (278/279) pp. 106-129. Cidade, 1940.

_____. "Problemas Morfológicos do Brasil Tropical Atlântico". *In*: *Revista Brasileira de Geografia*, IBGE, ano V (1943), n. 4, pp. 523-550 (e) ano VI (1944), n. 1, pp. 155-178. Rio de Janeiro, 1943-1944.

MELLO E ALVIM, M. C. "Caracterização da Morfologia Craniana das Populações Pré-históricas do Meridional Brasileiro (Paraná e Santa Catarina)". *In*: *Arquivos de Anatomia e Antropologia*. Instituto de Antropologia Professor Souza Marques, 111 (3): 293-322, il. Rio de Janeiro, 1975.

MELLO E ALVIM, M. C. & UCHÔA, D. P. "Contribuição ao Estudo das Populações dos Sambaquis – Os Construtores do Sambaqui de Piaçaguera". *In*: *Pesquisas*. Instituto de Pré-história da Universidade de São Paulo, 1: 1-32, il. São Paulo, 1976.

_____. "O Sambaqui de Buracão: Uma Contribuição ao Estudo da Pré-história do Litoral Paulista". *In*: *Arquivos de Anatomia e Antropologia*. Instituto de Antropologia Professor Souza Marques, IV (4): 339-393, il. Rio de Janeiro, 1975.

MEIS, M. R. *As Unidades Morfoestruturais Neoquaternárias do Médio Vale do Rio Doce*, s/ed. s/l, 1977.

MENEGAT, R. (coord.). *Atlas Ambiental de Porto Alegre*. Editora da Universidade Federal do Rio Grande do Sul, Porto Alegre, 1998.

MIRANDA DA CRUZ, M. E. *Marajó, Essa Imensidão de Ilha*. Produtora e Editora Garcia e J. M. Bichara, Ed. Graf. Parma, Guarulhos, 1997.

MIRANDA NETO, Manoel José de. *Aspectos da Economia Marajoara*. Agrirrural, Rio de Janeiro, 1966.

_____. *A Foz do Rio Mar. Subsídios para o Desenvolvimento de Marajó*. Record, Rio de Janeiro, 1968.

_____. *Marajó, Desafio da Amazônia: Aspectos da Reação a Modelos Exógenos de Desenvolvimento*. Record, Rio de Janeiro, 1976.

_____. *Marajó. Desafio da Amazônia*. EDUFPA. Belém (Pará). (Re-ed., rev. e atral.). [Contém excelente bibliografia.], 2005.

MIRANDA, Vicente Chermont de. *Marajó. Estudos sobre seu Solo, seus Animais e suas Plantas*. Livro do Povo. Belém (Pará), 1994.

MIURA, K. & BARBOSA, J. S. "Geologia da Plataforma Continental do Maranhão, Piauí, Ceará e Rio Grande do Norte". *In*: *Anuário do XXVI Congresso Brasileiro de Geologia*, vol. 2, pp. 37-66, s/i, 1972.

MODENESI, M. C. "Memória Explicativa da Carta Geomorfológica da Ilha de Santo Amaro, SP". *In*: *Primeiros Estudos, Aerofotografia*. Instituto de Geografia da Universidade de São Paulo, n. 2, São Paulo, 1969.

MONTEIRO, C. A. F. "A Frente Polar Atlântica e as Chuvas de Inverno na Fachada Sul-oriental do Brasil". *In*: *Série Teses e Monografias*, n. 1, Instituto de Geografia da Universidade de São Paulo, São Paulo, 1969.

Mota, J. P. "O Caminho dos Peixes". *In*: *Revista do Jornal do Brasil*, ano 26, n. 1.324, ed. setembro, pp. 24-28, Rio de Janeiro, 2001.

Mourão, F. "A Pesca no Litoral Sul do Estado de São Paulo – O Pescador Lagunar de Iguape-Cananeia". Tese de mestrado da Universidade de São Paulo, São Paulo, 1967.

Muehe, D. "Geomorfologia Costeira". *In*: Guerra, A. J. T. & Cunha, S. B. (org.). *Geomorfologia: Uma Atualização de Bases e Conceitos*, 2ª ed., Berthand Brasil, cap. 6º, pp. 253-308, Rio de Janeiro, 1994.

Mussolini, G. "O Cerco da Tainha na Ilha de São Sebastião". *In*: *Revista de Sociologia*, 7 (3), s/i, 1945.

Oliveira, José Lopes. *Grande Enciclopédia da Amazônia*. Belém (Pará), 1967.

Olmos, Fábio & Silva (Robson Silva). *Ambiente, Flora e Fauna dos Manguezais de Santos e Cubatão*. Empresa das Artes, São Paulo, 2003.

Papy, L. "En marge de l'empire du cafe: la façade atlantique de São Paulo". *In*: *Cahiers d'Outre Mer*, tomo V, n. 20. Bordeaux, 1950.

Petri, S. & Fulfaro, V. J. "Notas sobre a Geologia e Terraços Marinhos da Ilha do Cardoso, SP". *In*: *Notícias Geomorfológicas*, n. 20, pp. 21-31, Campinas, 1968.

Petri, S. & Suguio, K. "Características Granulométricas dos Materiais de Escorregamento de Caraguatatuba, São Paulo (como Subsídio para o Estudo da Sedimentação Neocenozoica do Sudeste Brasileiro)". *XXV Congresso Brasileiro de Geologia*, Ed. Esp., n. 1, pp. 199-200, s/i, 1968.

Petrone, P. "A Baixada do Ribeira; um Estudo de Geografia Humana". *In*: *Boletim da Faculdade de Filosofia, Ciências e Letras da Universidade de São Paulo*, n. 283, São Paulo, 1966.

Piazza, W. F. *Atlas Histórico do Estado de Santa Catarina*. Departamento de Cultura da Secretaria de Educação e Cultura do Estado de Santa Catarina, Florianópolis, 1969.

Ponte, F. C. & Asmus, H. E. "The Brazilian marginal basins. Current stade of knowledge". *In*: *The Intern marg. cont. Atlantique Type*. Anuário da Academia Brasileira de Ciências, vol. 48, pp. 215-239, Rio de Janeiro, 1976.

Ponte, F. C. J.; Fonseca, R.; & Morales, R. G. "Petroleum geology of eastern Brazilian continental margin". *In*: *Anais Assoc. Petr. Geol.*, boletim n. 61 (9), pp. 1470-1481, s/i, 1977.

Projeto Remac-Cenpes (Petrobrás). Rio de Janeiro, 1977.

Puhl, J. "A Atuação dos Ventos na Formação Dunar e Pedogênica do Litoral Rio-Grandense". *Veritas*. Porto Alegre, (1), 1961.

Queiroz Neto, J. P. & Oliveira, J. B. "Solos do Litoral (SP)". *In*: Azevedo, Aroldo de (coord.). *A Baixada Santista: Aspectos Geográficos – As Bases Físicas*, vol. 1. Edusp, São Paulo, 1964.

Reis Filho, N. G. *Imagens de Vilas e Cidades do Brasil Colonial*. Bueno, Beatriz P. Siqueira & Bruna, Paulo J. V. (colab.). Edusp/Imesp/Fapesp (Uspiana – Brasil 500 Anos). São Paulo, 2000.

Revista da USP *et alli*. *Dossiê Engenho dos Erasmos*. Coordenadoria de Comunicação Social, Universidade de São Paulo, n. 41, mar./abr./mai. São Paulo, 1999.

Reyne, A. "On the contribution of the Amazon River to the accretion of the coast of Guianas". *In*: *Geologie in Mijinbow*, vol. 40, n. 1, pp. 210-226, s/i, 1968.

Ressurreição, Rosangela Dias da. *São Sebastião – Transformações de um Povo Caiçara*. Humanitas, São Paulo, 2002.

Rich, John Lyon. "The face of South America – aerial traverse". *In*: *Geographical Society*. Spec. Publ., n. 26. Washington, 1942.

Roche, J. "Porto Alegre, Metrópole do Brasil Meridional". *In*: *Boletim Paulista de Geo-*

grafia, n. 19, pp. 31-51. Associação dos Geógrafos Brasileiros, março de 1955. São Paulo, 1955.

ROQUETE PINTO, E. "Relatório da Excursão ao Litoral e à Região dos Lagos do Rio Grande do Sul". *In*: Cadeira da História do Brasil, Faculdade de Filosofia do Rio Grande do Sul. Porto Alegre, 1962.

RUELLAN, Francis. "Aspectos Geomorfológicos do Litoral Brasileiro no Trecho Compreendido entre Santos e Rio Doce". *In*: *Boletim da Associação dos Geógrafos do Brasil*, n. 4, novembro de 1944, pp. 6-12. São Paulo, 1944.

_____. "A Evolução Geomorfológica da Baía de Guanabara e das Regiões Vizinhas". *In*: *Revista Brasileira de Geografia*, IBGE-CNG, ano VI, n. 4, outubro-dezembro de 1944, pp. 455-508. Rio de Janeiro, 1944.

_____. (org.). *Premier Rapport de la Compour l'Étude des Niveaux D'erosion et les Surfaces D'aplanissement Autour de l'Atlantique*. 5 Tomos. UGC. Rio de Janeiro, 1956.

SALLES, Vicente. "Paisagem de Marajó. Folklore". *Diário de Notícias*, 18 de março de 1956. Rio de Janeiro, 1956.

SANT'ANNA, E. M. "Estudo Geomorfológico da Área da Barra de São João e Morro São João". *In*: *Revista Brasileira de Geografia*, IBGE, ano 37, 3. Rio de Janeiro, 1975.

SAVELLI, J. J. *Alguns Subsídios para o Estudo das Enchentes do Rio Cubatão*. Mimeografado, s/i, 1958.

SECRETARIA DO MEIO AMBIENTE E DESENVOLVIMENTO SUSTENTÁVEL DO ESTADO DO RIO DE JANEIRO. *Atlas das Unidades de Conservação da Natureza do Estado do Rio de Janeiro*. Vários autores. Metalivros. São Paulo, 2001.

SECRETARIA DO MEIO AMBIENTE DO ESTADO DE SÃO PAULO. *Atlas das Unidades de Conservação Ambiental do Estado de São Paulo*, Parte I: Litoral. Metalivros. São Paulo, 1998.

SENA SOBRINHO, H. "Reconhecimento Geológico nos Banhados do Taim". *Bol. Geogr. do Rio Grande do Sul*. Porto Alegre, 6(11):17-25, 1961.

SERRA, A. *Chuvas Intensas na Guanabara*. Escritório de Meteorologia. Rio de Janeiro, 1970.

SESC-SÃO PAULO [Diversos Autores]. *Aves do SESC-Bertioga – Pesquisa, Concepção e Exceção*. Luiz San Fippo e Cristiane Demétrio. Coordenação: Marcelo Bokermann. SESC-SP, São Paulo, 2004.

SETZER, J. *Contribuição para o Estudo do Clima do Estado de São Paulo*. Departamento de Estradas de Rodagem, 239 pp. São Paulo, 1969.

SILVA, M. A. M. da. *Mineralogia das Areias de Praia entre Rio Grande e Chuí*, 93 f., 33 fig. (Tese Mestr.-Geociênc.) Inst. de Geociênc., UFRGS. Porto Alegre, 1976 (não publicado), 1976.

SILVEIRA, J. D. "Baixadas Litorâneas Quentes e Úmidas". Tese de Cátedra. Edição de Autor. São Paulo, 1950.

_____. "Baixadas Quentes e Úmidas". *In*: *Boletim da Faculdade de Filosofia, Ciências e Letras da Universidade de São Paulo*, Geografia 8. São Paulo, 1952.

_____. "Morfologia do Litoral". *In*: *Brasil, a Terra e o Homem*, s/ed. s/i, s/d.

SIMÃO, A. G. "Itanhaém: Estudo sobre o Desenvolvimento Econômico e Social de uma Comunidade Litorânea". *In*: *Boletim da Faculdade de Filosofia, Ciências e Letras da Universidade de São Paulo*, 226 (1). São Paulo, 1958.

SOARES, Lúcio Castro. "As Ilhas Oceânicas (BR)". *In*: *Brasil, a Terra e o Homem*, s/ed., s/i, s/d.

_____. "A Foz do Rio Mar". *In*: *Grande Região Norte [Geografia do Brasil]*, pp. 121-194. IBGE, Rio de Janeiro, 1959.

SOLIANI JR., E. *Geologia da Região de Santa Vitória do Palmar-RS e a Posição Estratigráfica dos Fósseis de Mamíferos Pleistocênicos*. 88 f. (Tese Mest.-Geociên.) Inst. de Geociênc. UFRGS. Porto Alegre, 1973 (não publicado), 1973.

SPIEKER, R. L. *Sobre a Diferenciação Geográfica de Lagartos do Gênero Mabouya no Litoral de São Paulo* e *no Sistema Insular Vizinho*. Instituto de Biociências da USP. São Paulo, 1968.
STERNBERG, Hilgard O'Reilly. *Paquetá* [Ensaio Geográfico]. Anais do IX Congr. Bras. de Geogr., vol. V, pp. 697-727. Rio de Janeiro, 1944.
SUGUIO, K. & PETRI, S. "Stratigraphy of the Iguape lagoonal region sedimentary deposits". s/i, 1968.
SUGUIO, K.; MARTIN, L. & FLEXOR, J. M. "Les variations relatives du niveaux mogen de la mer au Quaternaire recente la region de Cananeia-Iguape (São Paulo)". *In*: *Boletim do Instituto de Geociências da Universidade de São Paulo*, vol. 7, pp. 113-129. São Paulo, 1976.
SUGUIO, K. & MARTIN, L. "Presença de Tubos Fósseis de *Callianassa* nas Formações Quaternárias do Litoral Paulista na Reconstrução Paleoambiental". *In*: *Boletim do Instituto de Geociências da Universidade de São Paulo*, vol. 7, pp. 1-26. São Paulo, 1976.
_____. *Formações Quaternárias Marinhas do Litoral Paulista e Sul-Fluminense*. Intern. Symp. of Coastal Evolution in the Quaternary, Sp. Publ.1 Braz. Work-group for IGPC – Project 611. Inst. Geog. USP (e) Sociedade Brasileira de Geologia. São Paulo, 1978.
_____. "Formações Quaternárias Marinhas do Litoral Paulista e Sul-fluminense". Simpósio Internacional de Evolução Costeira no Quaternário, IG-SBG-USP, Publicação Especial, vol. 1, 75 pp. (mapas). São Paulo, 1978.
SUGUIO, K. *Dicionário de Geologia Marinha*. T. A. Queiróz, 171 pp. São Paulo, 1992.
_____. "A Ilha do Cardoso no Contexto Geomorfológico do Litoral Sul Paulista de Planície Costeira". *In*: *AC/ESP ABC, Simpósio de Ecossistemas da Costa Brasileira*, vol. 2, (Serra Negra, SP), pp. 154-171. São Paulo, 1994.
SUMMERHAYES, C. P. *et alli*. "Upper continental margin sedimentation in Brazil-Northern Brazil: Salvador to Fortaleza". *In*: *Contr. to Sediment*. Stuttgart, vol. 4, pp. 44-78. Reproduzido no Projeto REMAC, n. 1 (1977), Petrobras-Cenpes, pp. 375-408, s/i, 1975.
TEIXEIRA, José Ferreira. "O Arquipélago de Marajó". *In*: *Congr. Bras. de Geografia* (Anais). Rio de Janeiro, 1953.
TELLES, P. C. S. *História da Engenharia no Brasil*. LTC – Livros Técnicos e Científicos S.A. Rio de Janeiro, 1979.
TRICART, J. "Divisão Morfoclimática do Brasil Atlântico Central". *In*: *Boletim Paulista de Geografia*, n. 31, pp. 3-44, São Paulo, 1959.
_____. "Problemas Geomorfológicos do Litoral Oriental do Brasil". *In*: *Boletim Baiano de Geografia*, ano 1, n. 1, pp. 5-39. Salvador, 1960.
_____. *O Mais Recente Cordão de Areias (Restingas) do Litoral do Rio Grande do Sul*. s/ed. s/i, 1967.
UCHÔA, D. P. *Arqueologia de Piaçaguera. Tenório: Análise de Dois Tipos de Sítios Pré--cerâmicos do Litoral Paulista*, p. 230, il. s/ed. São Paulo, 1972.
US NAVY. *Marine Climatic Atlas of the World*, vol. 4, South Atlantic Ocean. 325 pp., Washington D.C., 1968.
VALVERDE, O. "O Sítio da Cidade (RJ)". *In*: *Curso de Geografia da Guanabara*, n. 3-14. FIBGE/AGB. Rio de Janeiro, 1968.
VANZOLINI, P. E. "Zoologia Sistemática, Geografia e a Origem das Espécies". *In*: *Série Teses e Monografias*, n. 3, pp. 51-56. Instituto de Geografia da Universidade de São Paulo, 1969.
_____. "Distribution and differentiation of animals along the coast and in continental islands of the State of São Paulo, Brazil". *In*: *Papéis Avulsos de Zoologia*, vol. 6, n. 34. Instituto de Zoologia da Universidade de São Paulo, São Paulo, 1972.
VANUCCI, Marta. *Os Manguezais e Nós – Uma Síntese de Percepções*, 2ª ed. Rev. e ampliada. Editora da USP. São Paulo. [Contém notável bibliografia.], 2002.

VARGAS, M. "A Baixada Santista. Suas Bases Físicas". *In*: *Revista da USP – Dossiê Engenho dos Erasmos*. Coordenadoria de Comunicação Social, Universidade de São Paulo, n. 41, mar./abr./mai., pp. 18-27. São Paulo, 1999.

VIEIRA, F. "Portos Brasileiros". *In*: *Boletim Geográfico*, n. 72 e 73, CNG-IBGE. Rio de Janeiro, 1949.

VILAS BOAS, G. S. et *alli*. *Paleogeography and Paleoclimatic Evolution During the Quaternary of Part of Coast of Bahia, Between North of Salvador*. Instituto de Geociências – USP. São Paulo, 1978.

VILLWOCK, J. A. *et alli*. *Geology of the Rio Grande do Sul Coastal Province – Quaternary of South America and Antartica Peninsula*, n. 4, pp. 79-97, s/i, 1986.

ZENBRUSCKI, S. G. *et alli*. "Estudo Preliminar das Províncias Geomorfológicas da Margem Continental Brasileira". *In*: *Anais XXVI Congresso Brasileiro de Geologia*, vol. 2, pp. 187-209, s/i, 1972.

Caderno de Imagens*

* Todas as imagens de satélite foram reproduzidas da Internet: www.inpe.br-Projeto Monitoramento de Queimadas (1990). Fonte: Instituto Nacional de Pesquisas Espaciais – INPE/MCT.

CADERNO DE IMAGENS

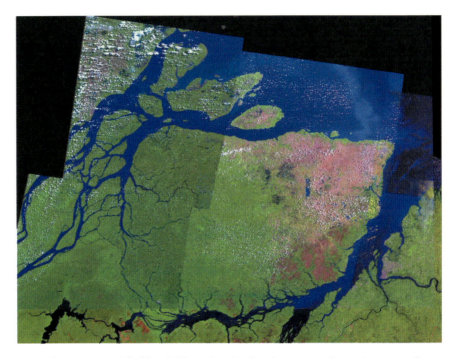

Visão do espaço total da Ilha de Marajó exibindo a boca norte do rio Amazonas frente a Macapá; o Estreito de Breves na retroterra da grande ilha e a partir da Baía das Bocas o estuário do rio Pará, onde ocorre o desemboque do rio Tocantins e o sítio urbano de Belém do Pará. A fitogeografia de Marajó comporta florestas de terra firme na sua porção oeste e campos inundáveis na área L e NE com uma forte diversificação devido a questões hidrogeomorfológicas. Na margem direita do Estreito de Breves, ocorrem planícies deltaicas que encarceram lagos de terra firme remanescentes de um afogamento bem marcado ocorrido sobretudo no período do otimum climático (5 mil, 6 mil anos A.P.). Tudo indica que o espaço total da área, onde hoje se situa o Estreito de Breves, foi no passado um canal estuarino do rio Amazonas tão largo quanto a chamada Baía das Bocas.

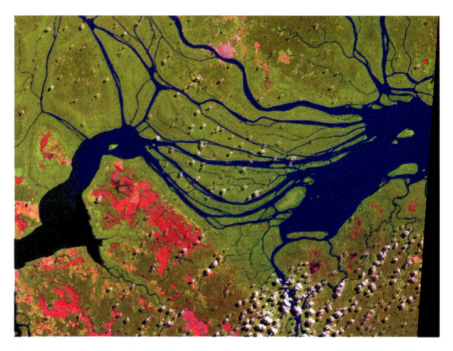

Contorno terminal do delta de Breves com seus diversos canais fluviais atuais desde o Lago de Portel até a Baía das Bocas. O povo intuitivamente reconheceu o estilo do setor terminal do delta de Breves ao designá-lo sob o nome de Baía das Bocas: trata-se de um caso muito especial de posição híbrida, gerado gradualmente a partir de um longo canal estuarino até o fundo remanescente do estuário do rio Pará. Um dos mais significativos deltas de fundo de estuário de todo o país que concorre em beleza e originalidade com os mais famosos deltas estuarinos da costa sul oriental da América Meridional, tal como são os casos do delta do Jacuí na região de Porto Alegre, e o delta do El Tigre ao fundo do estuário do Prata (Argentina).

CADERNO DE IMAGENS

O sítio urbano de Belém do Pará entre o rio Pará/Baía de Guajará e o rio Guamá envolvido por ilhas rasas de um delta complexo talhado por paranás-mirins, furos e minúsculos igarapés.

A barra do rio Tocantins no largo estuário do rio Pará, a Sudoeste de Belém: região de Abaetetuba e Igarapé-Mirim; ao Norte da barra a Ilha de Marajó.

A Ilha de Mosqueiro ao Norte de Belém do Pará envolvida por canais de afogamento gerados pela ascensão do nível do mar no período otimum climático, tendo a Oeste a Ilha de Marajó.

CADERNO DE IMAGENS 127

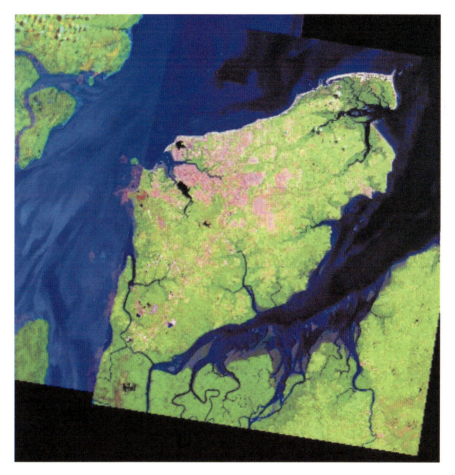

A Ilha do Maranhão entre a Baía de São Marcos, a Baía de São José do Ribamar e o Canal dos Mosquitos. A mancha urbana de São Luís do Maranhão ocupa o setor colinoso e a estreita faixa costeira existente ao Norte e Noroeste da ilha, a qual é constituída na sua grande maioria territorial por terras firmes (tabuleiros ondulados), talhados por pequenos vales de rios e riachos sujeitos a grandes oscilações das marés.

"Barcanas" dos Lençóis Maranhenses. Foto: Ary Diesendruck.

CADERNO DE IMAGENS   129

O litoral do Nordeste do Estado do Maranhão, em uma imagem que focaliza o famoso caso dos "Lençóis Maranhenses", um dos mais notáveis campos de dunas costeiras de toda a costa brasileira. A expansão dos lençóis *na direção da retroterra obrigou as drenagens regionais a se desviarem para Leste e Oeste nas margens dos* lençóis. *O campo de dunas regional abrange de L-O por uma extensão aproximada de 75 km, adentrando-se na retroterra por algumas dezenas de quilômetros. Em seu todo, a região das grandes dunas possui aproximadamente 1.500 km² de área.*

O sítio urbano de Fortaleza ladeado pelos baixos vales que atingem a costa onde aparecem estreitas restingas. Nas porções internas do tabuleiro onde se desenvolveu a mancha urbana principal da capital do Ceará, vê-se pequenos rios encarcerados por restingas transformadas em pequenos lagos de terra firme. Para o interior em uma área típica de agrestes sublitorâneos existem dezenas de pequenos açudes transformados em lagoinhas.

*O delta do rio São Francisco na divisa entre Alagoas e Sergipe. Trata-se de um aparelho deltaico de gênese bastante complexa de um tipo especial existente nas zonas costeiras tropicais atlânticas do Brasil (*arcueite delta*).*

O setor costeiro do Estado de Alagoas entre a depressão lagunar de Mundaú e vales de afogamento de arranjo complexo gerados a partir do emboque do paleocanal da lagoa. A imagem opõe ainda um dos setores de urbanização recente que tamponou as restingas encarceradoras do sistema lagunar de terra firme de Mundaú. Tabuleiros de expressão regional, uma grande lagoa, pequenos rios sublitorâneos e um amplo bolsão de manguezais diversificam a fachada sul da costa alagoana, ao Sul de Maceió.

CADERNO DE IMAGENS 133

O sítio urbano de Aracaju na retroterra de uma faixa litorânea marcada por alongadas restingas e praias de deposição NE-SO. O longo canal que passa em frente à cidade de Aracaju corresponde ao baixo vale do rio Sergipe.

Visão do espaço total da Baía de Todos os Santos, sítio da cidade de Salvador. Escarpa da linha de falha que separa a cidade alta da cidade baixa. Ilha de Itaparica. Colinas do entorno da baía incluindo rios e afluentes de todos os quadrantes do Norte e barras de rios afluentes recuados durante as ingressões marinhas do Holoceno.

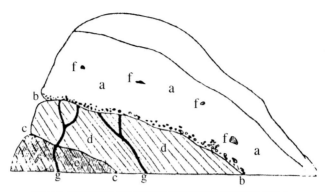

IDEAL SECTION OF DRIFT-COVERED GNEISS HILL.

a a. Drift clay.
f f. Angular fragments of quartz.
b b. Pebble sheet lying on rounded surface of gneiss.
d d. Gneiss *in silú*, but decomposed.
e e. Gneiss undecomposed.
g g. Quartz and granite veins traversing both solid and decomposed gneiss.

*Um dos primeiros documentos da estrutura superficial da paisagem no Brasil foi feito por Charles Frederick Hartt (1870), resumindo observações de Louiz de Agassiz (1863) e as suas próprias. As observações referentes a cabeços de diques de quartzos que teriam liberados gravas silicosas fragmentárias de um velho chão pedregoso (*stone lines*) encosta abaixo constituem um registro correto de observações científicas. Agassiz observou bem e interpretou muito mal.*

Na seção teórica de um morro de gnais costeiro, infelizmente, porém, o autor e seu mestre interpretaram os depósitos de cobertura como sendo argilas sobrepostas ao drift. *Interpretações mais recentes (1956) consideram as linhas de pedra ocorrentes na região como documentos de um chão pedregoso de clima muito mais seco do Quaternário (Tricart e Cailleux), gerados em ambientes mais frios e secos de uma época em que o nível do mar esteve a menos 95 ou menos 100 metros, enquanto as correntes frias das Malvinas/Falklands se projetaram até o paralelo da Bahia, dificultando a penetração da umidade e forçando a fragmentação da tropicalidade em pequenos redutos florestais. Os depósitos de cobertura que recobrem o chão de pedras do passado correspondem a um complexo retorno da tropicalidade que incluem ações biogênicas e materiais elúvio-coluviais encimados por horizontes superficiais de oxissolos tropicais.*

A separação em dois estratos desses materiais feita por Hartt é incorreta porque se trata apenas de horizontes superficiais de solos gerados abaixo da cobertura florestal não registrada no desenho. A seção teórica do autor tem excelentes observações sobre o embasamento gnaisico separado por rochas decompostas in situ *e rochas não decompostas em uma certa profundidade.*

As stone lines *devem ter sido geradas entre 22 mil e 12.700 anos A.P. (Antes do Presente), enquanto os depósitos de cobertura constituem materiais de acumulação superficial complexa gerados no Holoceno através dos milhares de anos, durante o processo de retropicalização regional. [Ilustração reproduzida do livro* Geology and Physical Geography of Brazil, *de Charles Frederick Hartt, Huntington, New York, 1870.]*

Ilustração pioneira magistral sobre a ranhura de abrasão existente no morro de Penedo, na Baía de Vitória (ES). Provavelmente essa feição abrasiva que entalha os sopés do Penedo – um morro da família dos "pães de açúcar" – representa a dinâmica ascensional do nível dos mares e oceanos, no período do otimum climático *entre 5.000 ou 6.000 anos A.P. (Antes do Presente).*
Trata-se de um sítio da maior importância para o detalhamento da geomorfologia dos pontões rochosos costeiros do Brasil de Sudoeste, devido ao fato da ranhura de abrasão ter recortado as caneluras verticais das paredes do Penedo; documento que demonstra o fato de que as caneluras foram entalhadas quando o nível do mar era mais baixo, sob condições paleoclimáticas bem diferentes. [Desenho de Charles Frederick Hartt, 1870.]

CADERNO DE IMAGENS 137

Cenários altamente significantes de morros e pães de açúcar sublitorâneos da zona costeira do Norte do Espírito Santo: região de pancas. A imagem tem um interesse especial porque exibe um reticulado de linhas de falhamentos de orientação Norte--Noroeste para Sul-Sudeste incluindo lineamentos falhados de direção Leste-Oeste além de eixos divergentes. O valor científico destas constatações relaciona-se com a possível identificação de sistemas tectônicos similares existentes nos domínios dos mares de morros.

138   BRASIL: PAISAGENS DE EXCEÇÃO

A assimétrica Baía de Vitória (ES), expondo o setor sul da ilha de mesmo nome e a pequena serra do Penedo ao Sul na qual encontra-se o sítio da cidade de Vila Velha. A mancha urbana da capital espírito-santense distribui-se por uma graciosa enseada na frente atlântica da ilha, tendo sua porção urbana central voltada para a baía. A Noroeste do estuário ocorrem planícies com manguezais, incluindo condições de um helobioma *de águas salinas.*

Delta arqueado do rio Doce: um protótipo de deltas da zona costeira tropical atlântica do Brasil.

Cactáceas relitoais nas paredes do Pão de Açúcar (Rio de Janeiro). Um tipo de rupestre-biomas de grande importância para o conhecimento da história vegetacional do Rio de Janeiro e Baixada Fluminense. Minirreduto herdado da fase em que o nível do mar estava a -95 metros e a fachada atlântica do Sul e Sudeste, banhada na época por correntes frias, sofreu em período de menos calor e maior semiaridez (23.000-12.000 anos A.P.)

Um documento da constância do vento minuano costeiro (do Sul para o Norte) existente em um setor da grande restinga do Rio Grande do Sul.

CADERNO DE IMAGENS 141

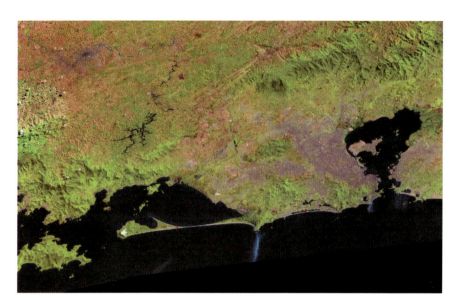

Ampla visão de um setor da costa sudeste do Brasil, fortemente marcado por reentrâncias de diferentes tipos com destaque para a Baía da Guanabara e a Baía da Ilha Grande e a restinga da Marambaia. Na retroterra, a complexa compartimentação topográfica dos setores serranos da fronteira entre os Estados do Rio de Janeiro e de São Paulo, onde exibem-se altos maciços (Bocaína) e setores rebaixados com paisagens de mares de morro.

A Baía da Guanabara e o seu entorno de morros e pontões rochosos alternando planícies, duplos tômbolos e enseadas multivárias. A imagem expõe as duas grandes manchas urbanas (Rio e Niterói) existentes nas margens da bacia e porções frontais da costa sul da cidade do Rio, de grande expressão paisagística. Os pontões rochosos existentes na entrada da Baía da Guanabara (Pão de Açúcar e similares da outra banda, Niterói) documentam o caráter de boqueirão que marcou a região no Pleistoceno Superior quando o nível geral dos mares esteve a menos de 100 metros do que hoje, enquanto a depressão da Guanabara era sulcada por vales fluviais. Curiosamente deu-se o nome de Rio de Janeiro à região no século XVI sem que ainda se soubesse que em algum tempo do Quaternário antigo a região comportou efetivamente um rio.

CADERNO DE IMAGENS 143

A Baía da Guanabara vista em imagem de satélite com todas suas reentrâncias incluindo a estreita barra situada entre o Pão de Açúcar e os pontões rochosos de Niterói, a Ilha do Governador, e no extremo Nordeste os manguezais de Magé. A imagem comprova totalmente o mapa que a precedeu da lavra de Francis Ruellan [vide encarte].

Imagem de satélite da Ilha Grande no litoral sul fluminense onde ocorre um dos trechos mais acidentados das costas altas existentes no Brasil com visível ausência de planícies costeiras recentes, substituídas por pequenas enseadas na parte frontal da ilha.

Cenários bucólicos da praia de Picinguaba, no extremo do Litoral Norte de São Paulo. Sinal de resistência às pressões por inserções alienígenas. [13/07/2005]

Praia de Itamambuca, ao Norte de Ubatuba. Um protótipo das praias de enseadas, no Brasil de Sudeste. [Outubro de 2005.]

Cenários do litoral catarinense na região de Garopaba/Siriu: foto superior, Garopaba; abaixo, cenário das plataformas de abrasão com blocos fragmentados na costeira, ao Sul de Garopaba.

Ponta norte da praia de Picinguaba, no extremo do Litoral Norte de São Paulo. Sítio de uma das mais ativas aldeias de pescadores da costa paulista, fornecedora de pescado para Ubatuba e entorno.

Visão das densas manchas urbanas do fundo da Baía de Santos por entre maciços insulares e maciços costeiros, desde a região de Guarujá-Vicente de Carvalho até Santos e São Vicente. A Oeste a complexa malha de mangues, "largos" e canais da baixada santista.

CADERNO DE IMAGENS 149

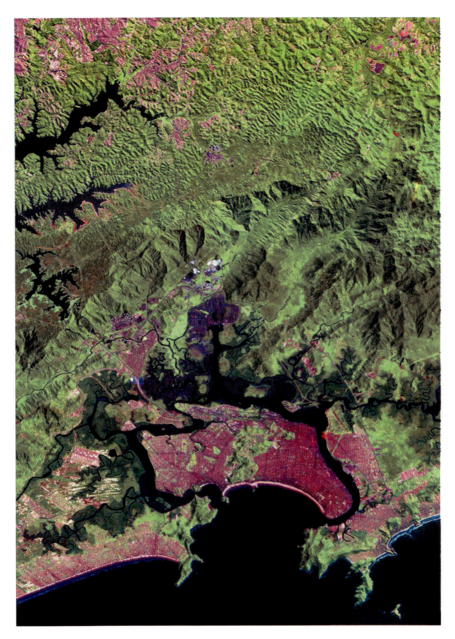

Imagem de satélite focalizando a complexa baixada santista, a Ilha de São Vicente e a ponta sudoeste da Ilha de Santo Amaro, além de um pequeno trecho da Praia Grande. A Noroeste, um setor do planalto atlântico paulista suspenso na retroterra das escarpas florestadas íngremes da Serra do Mar, observando-se os reservatórios das cabeceiras do rio Pinheiros. Nota-se a presença da densa mancha urbana de Santos–São Vicente e a Ilha de Santo Amaro, tendo frente ao estuário de Santos o núcleo urbano de Vicente de Carvalho e o pequeno bairro de Conceiçãozinha. Observa-se ainda um trecho da área urbanizada que se desenvolveu nas restingas da Praia Grande.

A montanhosa Ilha de São Sebastião separada do continente (Serra do Mar) por um canal marinho relativamente profundo em cujas margens encontram-se os sítios das cidades de São Sebastião e Ilhabela. Na boca norte do canal existiam condições para a implantação de um posto especializado da Petrobrás.

Aspecto do litoral da Ilha de Santo Amaro e zona costeira de Bertioga com uma forte exposição das escarpas florestadas da Serra do Mar, o Canal de Bertioga e o Vale do Itapanhaú. Fica bem evidente a posição da marcha urbana de Bertioga a partir da extremidade norte do importante canal natural regional, onde se desenvolveu um relevante e bem conhecido turismo praiano.

Um aspecto de conjunto da importante paleoilha florestada reconhecida sob o nome de maciço da Jureia – um dos documentos mais importantes de todos os setores elevados da costa brasileira sujeitos à fixação de florestas tropicais biodiversas. Note-se que apesar das pressões dos especuladores para efetuar loteamentos peri-insulares praianos, e incentivar um ecoturismo de massa, o maciço da Jureia vem mantendo-se com grande integridade, graças ao estatuto do tombamento efetuado pelo CONDEPHAAT na década de 70 do século passado.

Visão do litoral sul de São Paulo no expressivo setor que se estende de Cananeia a Iguape, uma área de tríplice restingas separadas parcial ou totalmente por lagunas entre as quais se destaca o mar de Cananeia e Iguape (Mar de Dentro) e frontalmente a alongada Ilha Comprida, a nossa Long Island. *No extremo sudeste a Baía de Trepandé e os bordos da Ilha do Cardoso.*

Imagem da extremidade nordeste da Ilha Comprida na região de Iguape que exibe os três setores diversificados das águas sublitorâneas: o Baixo Ribeira de Iguape, que contorna o maciço cristalino regional; o Valo Grande, que se alargou a partir de uma valeta cabocla; e o Mar de Iguape, que se estende para Sudoeste até Cananeia e a Baía de Trepandé (não visíveis neste fragmento de imagens de satélite).

O baixo rio Ribeira nas proximidades de Iguape, registrando a presença do Valo Grande que capturou parte das águas do rio para a Laguna de Iguape–Cananeia: um fato antrópico anômalo gerado pela feitura de uma valeta cabocla *no passado destinada ao transporte canoeiro de produtos do baixo Ribeira para a cidade de Iguape. A boca da valeta terminava no antigo* Rocio de Iguape, *sendo que esse expressivo nome restou como topônimo na área semiurbana de além do atual Valo Grande.*

Registro das três lagunas estabelecidas entre alongados setores de restingas na região do chamado sistema lagunar estuarino de Cananeia e Iguape. Na retroterra os bordos de um bloco da região serrana florestada que foi no passado uma linha de costa posteriormente recuada devido ao estabelecimento das sucessivas restingas litorâneas atuais.

A Baía de Trepandé no extremo sul do litoral paulista exibindo um trecho da serrana Ilha do Cardoso, a extremidade da Laguna de Cananeia e o setor terminal da Ilha Comprida. Na barra de Cananeia, vê-se concentração de materiais finos poluidores.

Uma costeira típica existente no setor de abrasão, ao Norte da praia de Garopaba. O mergulho da xistosidade impede o entalhe de uma verdadeira falésia do tipo designado costão entre nós. [No Brasil, existem três tipos principais de setores de abrasão: os costões, *as* costeiras *e as* barreiras.*]*
O protótipo dos costões em setores de abrasão por costa brasileira localiza-se na frente marítima da Ilha Porchat. Um notável belvedere do passado hoje envolto por edifícios vinculados à exploração imobiliária gananciosa.

Ponta norte da Praia do Rosa, ao sul de Garopaba. O único local em que constatamos um costão de origem recente encimado por uma plataforma de abrasão suspensa, gerada em um período mais antigo do Quaternário costeiro de Santa Catarina. [Foto de Marco Tabajara.]

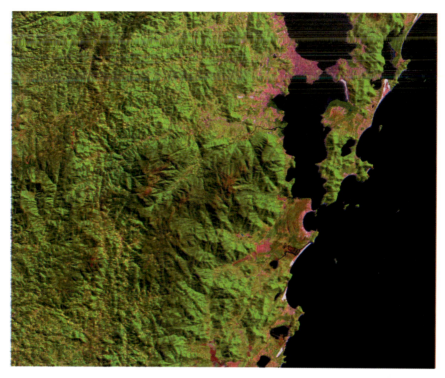

A fachada atlântica oriental de Santa Catarina exibindo o Canal do Estreito e a complexa ilha continental onde se localiza Florianópolis. Um litoral dotado de sucessivos reentalhes por entre esporões baixos de serras e/ou paleoilhas. No Canal do Estreito, em morros baixos e colinas, o sítio urbano de Florianópolis a Oeste do maciço insular e a região de São José na porção continental do estreito em franco crescimento urbano regional.

A Ilha de Santa Catarina e o Canal do Estreito onde se localiza Florianópolis na parte insular e São José na borda continental. Na fachada frontal dessa magnífica ilha do Brasil Sudeste ocorrem pequenos aparelhos naturais costeiros (enseadas, minienseadas, restingas, lagunas e ligeiros setores de costões; e raros setores de manguezais sobretudo ao Sul de Florianópolis). A análise das condições geológicas sugerem falhamentos antigos sincopados que teriam sido responsáveis pelo eixo geral do canal, pressupondo reentalhamentos fluviais subatuais posteriormente invadidos pelas águas do Atlântico. Fato válido para explicar a origem de outros canais da costa tropical do Brasil.

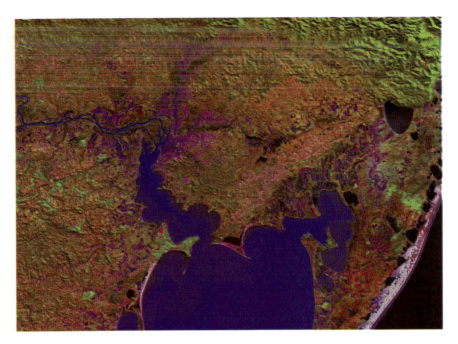

Imagem da costa gaúcha abrangendo trecho da grande restinga borda norte da Lagoa dos Patos, maciço de Porto Alegre e estuário do Guaíba [Sítio INPE. 1990]. O maciço de Porto Alegre, que serviu de suporte para o sítio urbano da capital gaúcha, foi uma paleoilha ladeada por estuários ao Norte e ao Sudoeste, sendo que a estreita faixa estuarina norte foi obturada por sedimentação quaternária enquanto ao Sul, a partir do baixo Jacuí, alargou-se e estendeu-se o famoso estuário do Guaíba que possui na sua retroterra um dos deltas estuarinos de origem recente mais típicos de todo o litoral brasileiro.

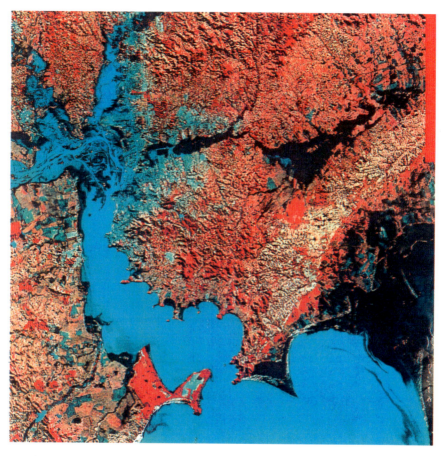

Detalhe do maciço de Porto Alegre (RS) e seu entorno: documentos indicativos do setor extremo nordeste do Escudo Uruguaio–Sul-Rio-Grandense. Teve o caráter de uma ilha maciça quando o baixo Jacuí possuía duas embocaduras passando mais tarde a sair apenas pela barra do Guaíba, o qual perdeu o caráter marcante de um estuário subatual. Essas e outras considerações sobre a região sublitorânea do extremo norte da costa gaúcha somente se tornaram mais compreensíveis devido ao advento de imagens de satélites e aerofotos.

CADERNO DE IMAGENS 163

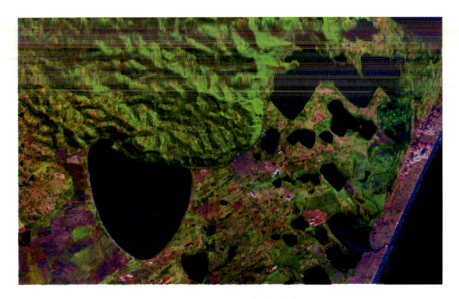

Baixada costeira do litoral norte do Rio Grande do Sul entre a mais recente restinga costeira e os bordos da Serra Geral. Região dotada de numerosas lagunas de contorno variável incluindo modelos ditos de lagos cordiformes de que exemplo maior é a Lagoa dos Quadros, a Oeste.

164 BRASIL: PAISAGENS DE EXCEÇÃO

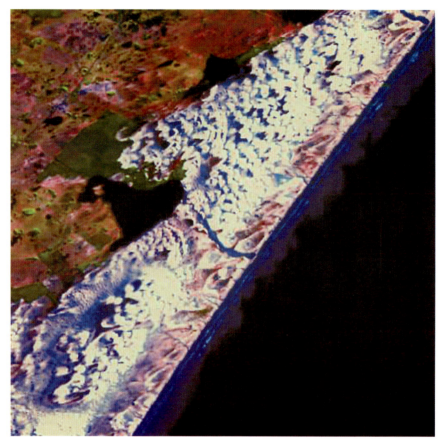

Cenário dos campos de dunas costeiras da terra gaúcha estabelecidos no dorso da mais recente restinga regional.

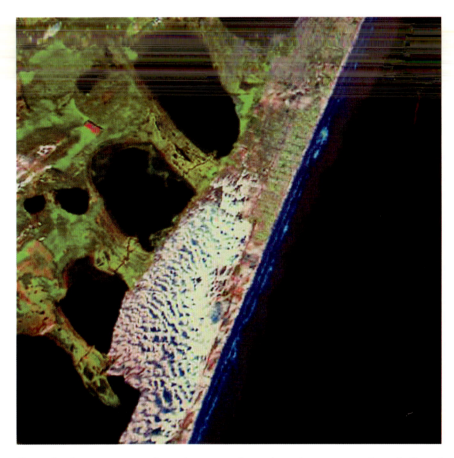

*Visão das lagunas sincopadas existentes a Oeste da mais recente restinga do litoral nordeste do Rio Grande do Sul incluindo um complexo campo de dunas litorâneas anastomosadas onde se pode perceber a direção dos ventos geradores de algumas volteadas dunas (*yardang*).*

166   BRASIL: PAISAGENS DE EXCEÇÃO

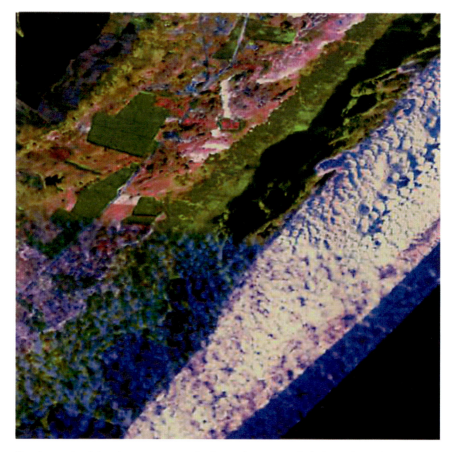

*Restingas desdobradas no interior da "grande restinga" do litoral gaúcho exibindo setores importantes dos campos de dunas litorâneas gaúchos. No intervalo entre o cordão litorâneo mais antigo e a mais recente presença de alongadas e rasas lagunas: um corpo complexo de ecossistemas e biomas característicos (*psamobiomas*); e* helobiomas.

CADERNO DE IMAGENS

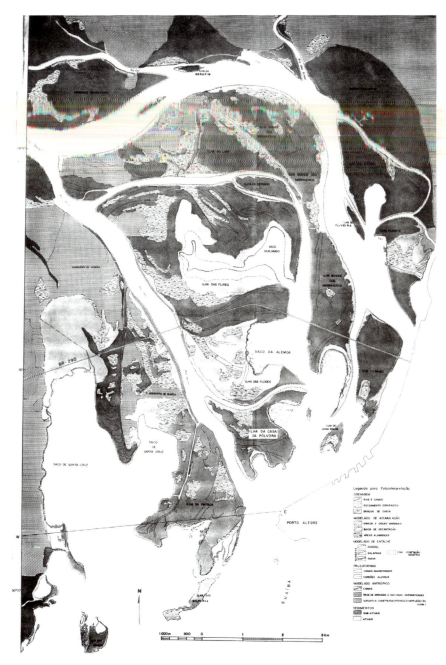

O delta estuarino do Guaíba em um esforço de cartografia geomorfológica sublitorânea, da lavra de Alba Maria Batista Gomes e Carmem S. de Carvalho. Esboço cartográfico pioneiro de hidrogeomorfologia deltaico-estuarino no Brasil. [Publ. no estudo "O Delta do Jacuí – Estudo Geomorfológico" in Craton & Intracraton – Escritos e Documentos, *n. 20 (1982) Unesp, São José do Rio Preto.]*

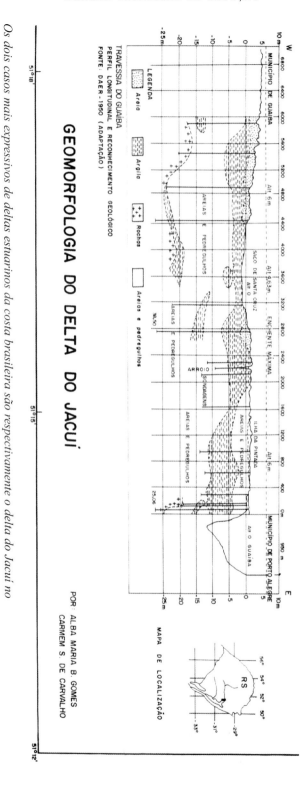

Os dois casos mais expressivos de deltas estuarinos da costa brasileira são respectivamente o delta do Jacuí no fundo do Guaíba, aqui reproduzido, e o delta da Baía das Bocas, nas terminações do Estreito de Breves (Pará).

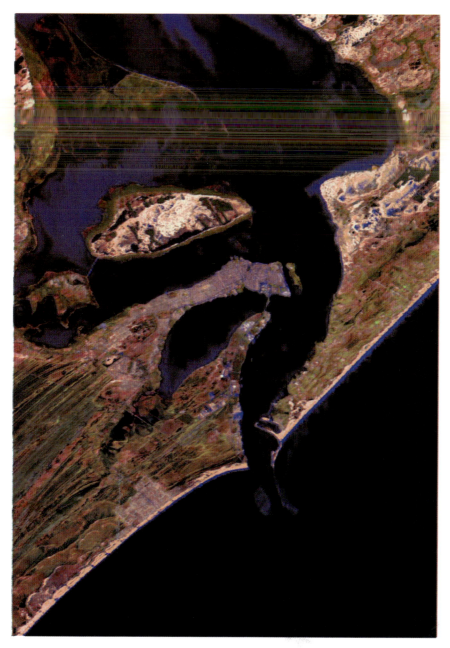

Setor sul da Lagoa dos Patos na área da barra da lagoa em uma imagem de satélite que exibe magnificamente planícies de restinga e braços de lagunas, focalizando a Barra do Rio Grande e a ponta final da Grande Restinga gaúcha.

Ponta terminal da grande restinga da costa sul-rio-grandense, Barra do Rio Grande e terminação sul da Lagoa dos Patos. Observa-se algumas lagunas de pequena extensão no entremeio de planícies da restinga regional.

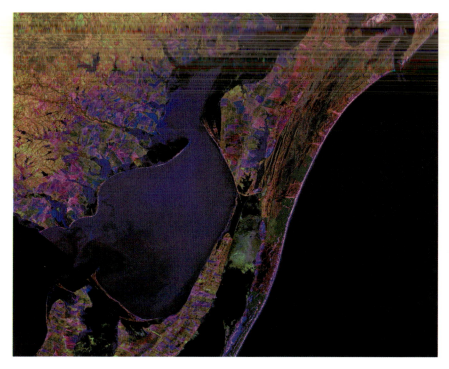

Cenário da Lagoa Mirim localizada ao Sul da Lagoa dos Patos entre uma área estreitada da Grande Restinga e o recortado litoral das terras firmes do Arroio Grande, num espaço próximo da fronteira do Brasil com o Uruguai.

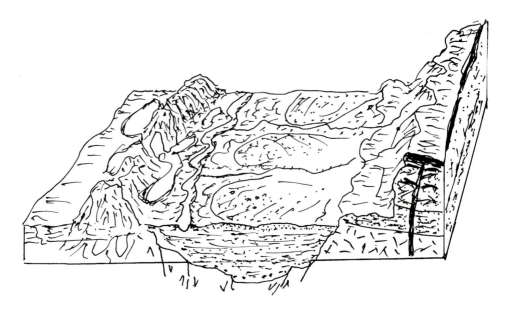

Bloco diagrama esquemático da Bacia do Pantanal.

Baías com praias arenosas, naturalmente salinizadas, por processos complexos (endorreisma local, falta de qualquer conexão com canais de água doce, componentes salinos residuais dos antigos lençóis aluviais pleistocênicos, transposto subatual de centuriões meândricos). Foto Araquém Alcântara.

O Pantanal Mato-Grossense na fronteira do Brasil com a Bolívia. A imagem focaliza um dos lagos fronteiriços que ocorrem na região, guardando importante significado científico, dado ao fato da depressão lagunar estar entre o dédalo das pequenas baías e canais deltaicos da parte brasileira do Pantanal, enquanto da outra banda da lagoa ocorrem bordas de tabuleiros calcários do Leste da Bolívia. O contraste entre os dois conjuntos de feições é extraordinário.

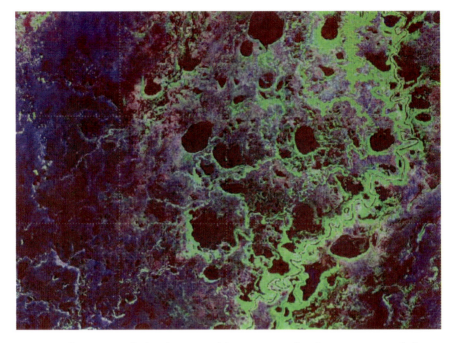

Conjunto de pequenas baías de porte médio em um trecho de contato com tabuleiros do Pantanal Mato-Grossense em uma área de forte divagações de meandros fluviais subatuais.

CADERNO DE IMAGENS 175

Magnífica visão das pequenas "baías" estabelecidas por meandração divagante, encarceramento de lóbulos internos de meandros subatuais e alveolarização recente em milhares de sítios estabelecidos em cima dos lençóis aluviais arenosos existentes na depressão conhecida pelo nome de Pantanal Mato-Grossense. É de se notar que existem grandes baías na região dos lagos fronteiriços, baías de porte médio em alguns setores da depressão do Alto Paraguai, e, por fim, o dédalo de pequenas baías apresentadas nessa imagem.

176   BRASIL: PAISAGENS DE EXCEÇÃO

Visão da região de Aquidauana no sudeste do Pantanal Mato-Grossense, focalizando terraços fluviais (leques aluviais pleistocênicos), com um mosaico de ocupações agrárias, observando-se ainda uma faixa de uma planície aluvial embutida nos terraços arenosos.

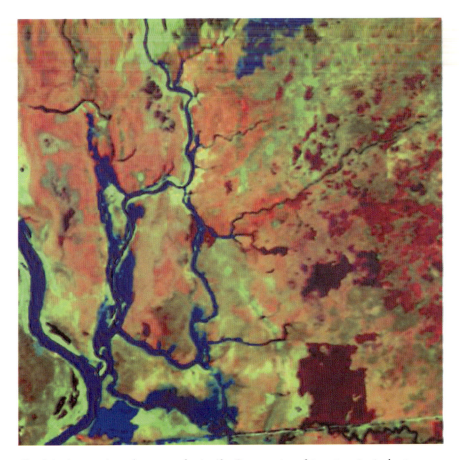

Cenário da complexa drenagem do rio Alto Paraguai em faixas terminais dos terraços arenosos de leques aluviais quaternários. As numerosas pequenas baías circulares documentam drenagens sincopadas subatuais estabelecidas no dorso de terraços arenosos.

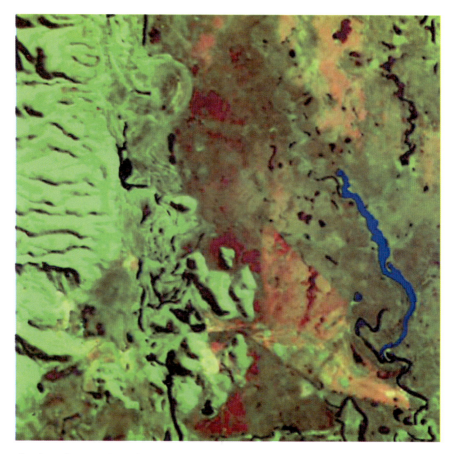

Cenário da complexa drenagem lacustre-aluvial existente nos bordos das serras fronteiriças. A Oeste baixos platôs calcários que alimentam, por meio de águas subterrâneas, as águas do extremo Oeste pantaneiro.

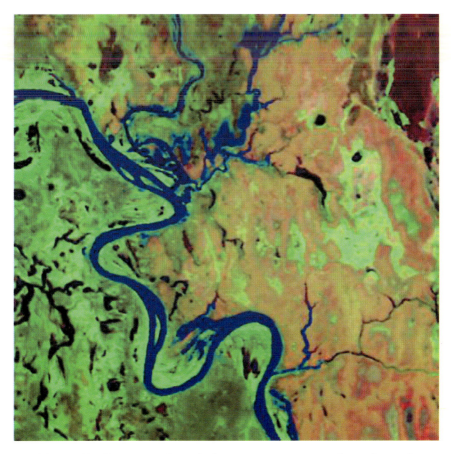

O médio rio Alto Paraguai a Oeste da depressão pantaneira onde se observa leques aluviais arenosos que resguardam pequenas baías circulares ou semicirculares; e a complexa drenagem de afluentes e corixos situados na margem esquerda do curso d'água.

Cenário da Lagoa de Chacororé, localizada a Sudoeste de Cuiabá e nas proximidades da cidadezinha de Barão de Melgaço. Trata-se da única grande depressão lagunar existente na faixa leste da depressão pantaneira, a qual, com a sua proximidade relativa com a cidade de Cuiabá, transformou-se em um dos pontos de visitação turística mais utilizados de todo o Pantanal.

CADERNO DE IMAGENS 181

Pontas de morros terminais da Serra das Araras, tendo a Nordeste as colinas de aplainamento recente neogênico, conhecidas como superfície aplainada de Cuiabá, de onde provêm pequenos afluentes formadores do rio Cuiabá. E, ao Sul das colinas e Sudeste da finisterra das cristas, o começo das paisagens pantaneiras exibindo feições diversificadas entre si.

Cuestas subparalelas NNE-SSW da Serra das Araras ao Noroeste de Cuiabá. Trata-se de velhas dobras pré-cambrianas um dia aplainadas (Paleogeno) e posteriormente reentalhadas no decorrer do Terciário, enquanto que a Leste das mesmas se desenvolvia o complexo do Pantanal com seus variados aspectos hidrogeomorfológicos.

Imagem de satélite focalizando o complexo front *retalhado da Chapada dos Guimarães e as colinas de Cuiabá a partir do piemonte dos famosos escarpamentos regionais.*

Título	*Brasil: Paisagens de Exceção*
Autor	Aziz Nacib Ab'Sáber
Produção Editorial	Aline Sato
Capa	Tomás Martins
Foto da Capa	Araquém Alcântara
Revisão Ortográfica	Cristina Marques
Revisão Técnica	Reinaldo Corrêa Costa
Editoração Eletrônica	Amanda E. de Almeida
	Tomás Martins
Formato	16 x 23 cm
Tipologia	Times
Papel	Cartão Supremo 250g/m^2 (capa)
	Offset 90 g/m^2 e Couché 115 g/m^2 (miolo)
Número de Páginas	184
Impressão e Acabamento	Cromosete Gráfica e Editora